食品会社の
アレルゲン対策

監修・執筆 羽藤公一

共著 平出 基・峯島浩之

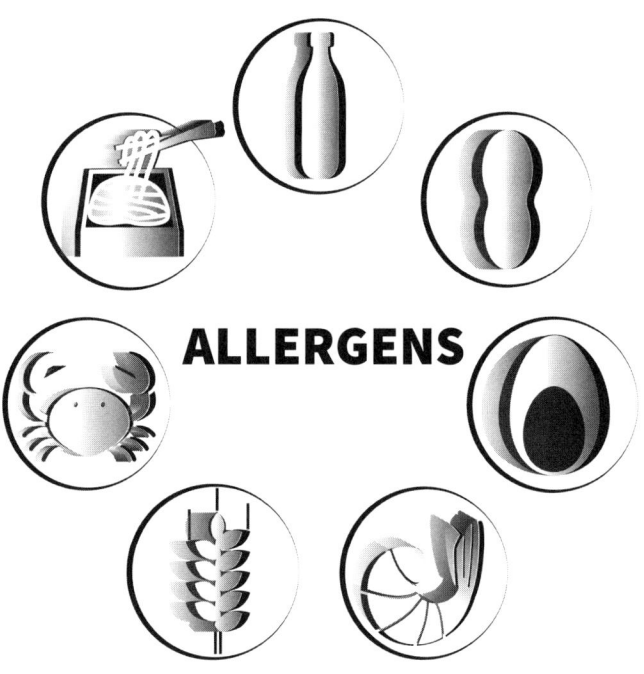

ALLERGENS

幸書房

■監修・執筆

羽藤　公一（はとう　こういち）＜1～6章，9章＞
略歴：東京農工大学農学部農芸化学科卒業後，カルビー株式会社入社，研究開発部門，品質保証部門等に従事した．得意分野は，フライ油の劣化防止，食品包装開発，スナック菓子の商品開発，食品会社の品質保証の仕組み構築他．2012年カルビー株式会社退職後，食品の技術士として，企業支援，講演，執筆活動等を行う．2014年より（公社）農林水産・食品産業技術振興協会　産学連携事業部　主任調査役，現在に至る．農林水産省産学連携支援事業コーディネーター，技術士（農業部門　農芸化学）．
その他の所属：（公社）日本技術士会　農業部会　幹事，調理加工食品懇話会　幹事，（公社）日本技術士会登録グループ　食品技術士センター　監事．
論文・著書：「スナック菓子のガス置換包装について」ジャパンフードサイエンス vol.39，2000年5月号，「菓子の包装形態と技術の動向」月刊フードケミカル，2012年3月号，「米糠利用の現状と新しい利用技術の開発」月刊フードケミカル，2012年5月号（共著），「食物アレルギーの基礎知識（3章：工場内のアレルゲン管理）」（共著），日本食糧新聞社（2013年）他．

■共　著

平出　基（ひらいで　もとい）＜7章＞
略歴：1984年宇都宮大学工学部環境化学科卒業．現在カルビー株式会社に在職し，スナック菓子，シリアル製品の生産設備のシステム開発および技術管理を担当している．2007～2010年，社内のアレルゲン対策プロジェクトに参加し，設備面のアレルゲン対策を担当した．

峯島　浩之（みねしま　ひろゆき）＜8章＞
略歴：千葉工業大学大学院工学研究科精密機械工学専攻博士前期課程修了後，JFEシステムズ株式会社（旧：川鉄情報システム株式会社）に入社．2002年より自社パッケージ製品である食品業界向け Mercrius，2007年より同 Quebel 導入のプロジェクトマネージャを担当．大手食品メーカーの商品・品質情報管理システムの構築に携わる．現在は，食品業界向け MerQurius Net-原料規格書サービスの普及を推進している．中級食品表示診断士．

発刊にあたって

　普段私たちが食べている食べ物は，基本的には栄養となりますが，その食べる内容，タイミング，量によって，生活習慣病をはじめとしたいろいろな疾病を引き起こすといわれています．「食べ物」そのものが劇的な被害をもたらすのは，人間にとって有害な微生物と食物アレルギーではないでしょうか？　食物アレルギーは，最近になって問題となっている疾病です．しかし，他の疾病と比べ食物アレルギーの場合は，ある特定の人に対してのみ発症するためか，その認知度は低い状況です．

　身体や心身が不自由な方の場合，お付き合いするとそれがすぐわかります．読者の方も，そのような方が近くに居られれば，何とか手助けしたいとお考えでしょう．例えば，足が不自由な方のために，公的機関，学校，駅そして会社において，車椅子用の通路やスロープが整備されています．それに対して，食物アレルギーの方の場合は本人が自己申告しないと，他の人からみるとただ「きらいだから食べない」と思うだけです．さらに，食物アレルギーの方に食事を安全に提供できる施設（アレルゲンが含まれているか原料調査をした上で食材を使用することや，食物アレルギー対応の専用調理場をもっている）は，どれだけあるのでしょうか？　食物アレルギーをもつ方やその家族にとって，食事の用意，調理，食事および食器の洗浄には膨大な手間と時間がかかります．私は，社会のいろいろな場面で，食物アレルギーの発症が起こらないような仕組みの構築が必要であると考えています．

　本書は，食品会社が間違いなくアレルギー表示をする方法や，食物アレルゲン（食物アレルギーの原因物質）に配慮した管理体制を構築するための方法論を書いてみました．特に，ITシステムを用いたアレルギー表示の作成方法やアレルゲン混入対策を施した設備仕様など，今まで取り上げられなかった内容を盛り込みました．これらの考えを，少しでも多くの食品会社で実行に移していただきたいと願っています．

　人が生活していく上で，いくつかの楽しみがあります．その中で，「食」は重要な位置を占めていると言われています．私は，「食」はすべての人に平等に与えられる楽しみであってほしいと願っています．

　　2015年8月

（公社）農林水産・食品産業技術振興協会
羽藤　公一

羽藤公一さんらのご著書に寄せて

　私共は，食物アレルギー，喘息，アトピー性皮膚炎といったアレルギー疾患のある人を対象に，電話相談を中心に活動しています．今年で23年になります．

　コーデックスがアレルゲンや表示の在り方について発表した頃からだったと思うのですが，加工食品による誤食事故が発生すると，当該の食品企業や流通企業，生協，宅配事業者などから私共の窓口に相談が入るようになりました．

　発症した人のご家族からお話を聞いたり，事故原因となった食品の加工現場を見学させていただいたり，工程図や加工現場の写真を頼りに電話やメールで意見を交換したり，そういったことがわずかずつですが積み重なりました．

　アレルギー表示が義務化されて以降は，専ら発症した人のご家族からお話を聞くことが多くなりました．お聞きしたことを記録し，食品製造や流通に関わる多くのみなさんに聞いていただき，再発防止の一助になってほしいと願い，いろいろな事例を発表資料にまとめ，講演の機会などに報告しておりました．

　そのような活動の中で，本書のご執筆者のお一人である羽藤公一さんにお会いし，専門家のお立場からたくさんのことをご教示いただきました．

　個人の体験を社会化し，課題を解決するのが私共の活動の目的です．しかし現実は，消費者や患者の立場からの報告はできても，食品製造や流通に関わる人の目線や言語に置き換えて何かを説明することはとても困難なことだと感じておりました．

　この度の羽藤公一さんらのご著書は，専門家の立場から事例を検討，吟味してくださり，消費者（患者）の体験を製造者（あるいは専門家）につなげる架け橋となってくださったと感じました．

　アレルギー表示に関連する日本の法律は，世界の最先端の水準のものだと思います．しかし，それでも発展途上の部分もあります．進化し続ける日本の法律に準拠しながら，事故を起こさないようアレルゲンコントロールを実現している食品企業や流通企業は，本当に苦労されていると思います．そうした環境にあって，このご著書が刊行されるということは，食品企業にとっても消費者（患者）にとっても，まさに救世主のような存在になるのではないかと感じています．

　アレルギーに関する表示ミスは，患者にとっては命にかかわるものでありながら，アレルギーではない人にとっては何の影響もないものです．その上，食品回収にかかる費用は

膨大です．アレルゲンコントロールやアレルギー表示について知識を深めることは，いうまでもなくリスクマネジメントの在り方に直結しているのです．

　羽藤公一さんらのこのご著書は，食品製造業や流通に携わる多くの人の支えになってくれるものだと確信しています．

　　2015 年 8 月

　　　　　　　　　　　　　　　　　　認定 NPO 法人アトピッ子地球の子ネットワーク

　　　　　　　　　　　　　　　　　　　　　　　　　　　　　赤 城　智 美

目　　次

1章　食品会社は食物アレルギーにどう向き合っていくか ……………… 1

　はじめに ……………………………………………………………………… 1
　1.1　食物アレルギーとその定義 …………………………………………… 2
　1.2　アレルギー表示制度の発足 …………………………………………… 3
　1.3　食品会社にとってのアレルゲン対策の課題 ………………………… 8

2章　食物アレルギーの人やその家族の要望と事故例 …………………… 11

　2.1　食物アレルギーの人とその家族の加工食品の選択の仕方 ………… 11
　　2.1.1　一般用加工食品に含まれるアレルゲンをイメージで選択 …… 11
　　2.1.2　イメージで加工食品を選択した場合の失敗例と回避例 ……… 12
　　2.1.3　購入選択を控える加工食品の原材料表示例 …………………… 13
　　2.1.4　複数の食物アレルギー原因物質を持っている人の加工食品の選択 … 13
　2.2　食物アレルギーの家族を持つ家庭の生活 …………………………… 15
　　2.2.1　食物アレルギーの家族のためにその家庭が実施していること … 15
　　2.2.2　食物アレルギーの家族を持つ家庭の困りごと ………………… 15
　　2.2.3　食物アレルギーの家族を持つ家庭の外食・中食に関しての最近の情報 … 16
　2.3　食物アレルギーの人とその家族からの要望 ………………………… 16
　　2.3.1　わかりやすく詳細な原材料表示とする要望 …………………… 16
　　2.3.2　特定原材料などの濃度に関する表示についての要望と困難さ … 17
　　　(1)　極微量でも発症する人の要望 ………………………………… 17
　　　(2)　微量であれば摂取可能な人の要望 …………………………… 17
　　　(3)　アレルゲン濃度を表示する困難さ …………………………… 18
　　2.3.3　アレルゲンを含む原料へ変更を行う際の問題点と対処法 …… 18
　　2.3.4　アレルギー任意表示の統一化の推進 …………………………… 19
　　　(1)　アレルギー任意表示はどこから手をつけるべきか ………… 20
　　　(2)　使用しているアレルゲンの表示と，含まれていないアレルゲンの表示 … 20
　　　(3)　アレルギー任意表示の表示位置 ……………………………… 21

(4)　アレルゲン含有の有無の表示方法 ……………………………21
　2.3.5　アレルギー対応メニューがあれば利用したい店舗 …………………21
2.4　アレルゲン対策が不十分な事例 ………………………………………21
2.5　食品会社が食物アレルギーに関して取り組むポイント ……………………23

3章　製品に含まれているアレルゲンを正しくパッケージに表示する方法 ………25

3.1　原材料表示および食物アレルギー表示制度の概要 …………………………25
　3.1.1　アレルギー表示の必要のある食品の範囲と表示義務がないもの ………26
　3.1.2　アレルギー表示の対象品目 ………………………………………26
　3.1.3　加工食品における原材料名の表示と原材料のアレルギー表示の方法 ……27
　　　(1)　加工食品における原材料名の表示方法 …………………………27
　　　(2)　加工食品における原材料のアレルギー表示の方法 ……………………28
　3.1.4　加工食品における添加物の表示と添加物のアレルギー表示の方法 ………28
　　　(1)　加工食品における添加物の表示方法 ……………………………28
　　　(2)　加工食品における添加物のアレルギー表示の方法 ……………………28
　3.1.5　添加物のアレルギー表示の方法 ……………………………………30
　3.1.6　アレルギー表示の代替表記および拡大表記 ………………………30
　3.1.7　アレルギー表示の繰り返し省略規定 ………………………………30
　3.1.8　抗原性が低い原材料等の場合のアレルギー表示の判断 ………………31
　3.1.9　特定原材料等の一括表示 …………………………………………31
　3.1.10　特定原材料等の個別表示と一括表示の例 …………………………32
　3.1.11　製品中にアレルゲンが微量に含まれる場合の取り扱い ………………34
　3.1.12　アレルゲンのコンタミネーションへの対応と注意喚起表示 ……………34
3.2　原料取引に際しての考え方と前提条件 ………………………………36
　3.2.1　フードチェーンの構築 ……………………………………………36
　3.2.2　原料購入先選択についての前提条件 ………………………………37
　　　(1)　契約を取り交わすことが可能な会社と取引する ………………………38
　　　(2)　品質上のリスクに関しての情報開示が可能な会社と取引する …………38
3.3　原料採用段階のリスク確認と定期的なリスク確認 …………………………38
　3.3.1　原料規格書の締結 ………………………………………………39
　3.3.2　原料会社の製造工程確認（アセスメント）の実施 …………………42
　3.3.3　必要に応じてアレルゲン検査の実施 ………………………………43
　3.3.4　原料の定期的なリスク確認 ………………………………………47

目 次

   3.4 原材料表示とアレルギー表示の作成例 …………………………………… 48
      3.4.1 原材料表示とアレルギー表示の作成手順 ……………………………… 49
      3.4.2 原材料表示およびアレルギー表示の実際の作成例 …………………… 51

4章 食品製造現場のアレルゲン管理を行う上での事前検討事項 …… 62

   4.1 アレルゲン管理の前提条件 ……………………………………………… 62
   4.2 アレルゲン管理対象品等の決定とアレルゲン情報管理 ………………… 63
      4.2.1 アレルゲン管理対象製品 ………………………………………………… 63
      4.2.2 アレルゲン管理対象原料 ………………………………………………… 64
      4.2.3 製品のアレルゲン濃度の確認―タンパク質理論濃度と分析値 ……… 64
      4.2.4 原料・製品のアレルゲン情報管理と情報の社内共有化 ……………… 66

5章 食品製造現場のアレルゲン管理基準 …………………………………… 68

   5.1 アレルゲン管理からみた生産計画 ……………………………………… 69
      5.1.1 ラインや工程の専用化 …………………………………………………… 69
      5.1.2 工場の兼用ラインの生産品目の順番 …………………………………… 69
   5.2 建物, 製造設備などの基準 ……………………………………………… 70
      5.2.1 ゾーニング ………………………………………………………………… 70
        (1) アレルゲン管理作業区域 …………………………………………… 70
        (2) アレルゲン準管理作業区域 ………………………………………… 70
        (3) アレルゲン汚染作業区域 …………………………………………… 71
        (4) 一般区域 ……………………………………………………………… 71
        (5) ゾーニングのまとめ ………………………………………………… 71
      5.2.2 製造設備一般 ……………………………………………………………… 72
        (1) 製造設備の分離 ……………………………………………………… 72
        (2) 製造設備の配置と動線 ……………………………………………… 72
        (3) アレルゲンの飛散防止設備仕様 …………………………………… 72
        (4) 清掃しやすい設備仕様 ……………………………………………… 73
      5.2.3 搬送設備 …………………………………………………………………… 73
      5.2.4 製造現場出入口 …………………………………………………………… 73
      5.2.5 原料および包材搬入口 …………………………………………………… 74
      5.2.6 原料保管庫 ………………………………………………………………… 74

5.2.7　原料荷捌き場 …………………………………………………………… 74
　　　5.2.8　廃棄物搬出口および廃棄物一時保管庫 ……………………………… 75
　　　5.2.9　給排気設備 ………………………………………………………………… 75
　　　　（1）　給気設備 …………………………………………………………………… 75
　　　　（2）　局所排気設備 ……………………………………………………………… 75
　　　　（3）　全体排気設備 ……………………………………………………………… 76
　　　　（4）　室内空気循環型の空調設備 …………………………………………… 76
　5.3　原料，包材の納入時の取り扱いと管理および仕掛品の管理 ……………… 76
　　　5.3.1　原料および包材の納入時の確認 ……………………………………… 76
　　　5.3.2　原料，包材および仕掛品の保管管理 ………………………………… 76
　　　5.3.3　原料および仕掛品の表示 ……………………………………………… 77
　　　5.3.4　原料および仕掛品の識別管理 ………………………………………… 77
　5.4　製造トラブル発生時の取置き仕掛品の対処 ……………………………… 78
　5.5　製造現場内で使用する用具，容器・包装等の取り扱い ………………… 79
　5.6　表示義務アレルゲンを取り扱う工程などに使用するアレルゲンの表示 ………… 80
　5.7　動線管理による交差汚染の防止 ……………………………………………… 80
　5.8　包装不良品の再利用禁止 ……………………………………………………… 80
　5.9　清掃時のアレルゲン対策 ……………………………………………………… 81
　　　5.9.1　清掃基準書（アレルゲン）の作成と運用 …………………………… 81
　　　5.9.2　清掃手順書の作成と運用 ……………………………………………… 83
　　　5.9.3　清掃後の点検システム ………………………………………………… 83
　　　5.9.4　清掃精度の検証 ………………………………………………………… 85
　5.10　試作品ラインテスト時の取り扱い ………………………………………… 85
　5.11　原料採用時のアレルゲン飛散防止の検討 ………………………………… 86
　5.12　新規製造設備導入時のアレルゲン管理 …………………………………… 86
　5.13　既存製造設備のアレルゲン混入の可能性発見時の対処 ………………… 86
　5.14　アレルゲン管理についての教育 …………………………………………… 87
　　　5.14.1　工場従業員向けのアレルゲン対策の教育 ………………………… 87
　　　5.14.2　製造現場の清掃教育 ………………………………………………… 88
　5.15　工場製造現場管理者のアレルゲン管理のためのポイント ……………… 89
　　　5.15.1　生産中の管理ポイント ……………………………………………… 90
　　　5.15.2　清掃時の管理ポイント ……………………………………………… 91
　　　5.15.3　始業時の管理ポイント ……………………………………………… 91
　　　5.15.4　定期的な点検ポイント ……………………………………………… 92

		目　　次	xi

　　　5.15.5　非定常時の点検ポイント …………………………………………92
　5.16　アレルゲン管理状況についての監査 ………………………………………93
　5.17　アレルゲンの注意喚起表示の検討 …………………………………………93

6章　食品製造現場のアレルゲン対策の進め方と改善の優先順位の決定 …………95

　6.1　アレルゲン混入リスクの予備調査 ……………………………………………95
　　6.1.1　製品生産品目などによるアレルゲン混入リスクの検討 …………………95
　　6.1.2　有識者への聞き取り調査 …………………………………………………97
　　6.1.3　生産中や清掃中のアレルゲン混入リスクの現場確認 …………………97
　　6.1.4　アレルゲン混入リスクの予備調査結果の評価 …………………………97
　6.2　アレルゲン対策プロジェクト設立の検討 ……………………………………99
　6.3　アレルゲン混入リスク評価 ………………………………………………… 101
　　6.3.1　HACCPシステムによるアレルゲン混入リスク危害分析 …………… 101
　　6.3.2　HACCPシステムによるアレルゲン混入リスク危害分析の問題点 ……… 109
　　6.3.3　アレルゲンマップの作成による評価 ………………………………… 109
　6.4　アレルゲン対策実施後の管理 ……………………………………………… 112

7章　設備面のアレルゲン対策 …………………………………………………… 113

　7.1　設備面のアレルゲン対策の基本方針 ……………………………………… 113
　　7.1.1　設備のアレルゲン対策の優先順位 …………………………………… 113
　　7.1.2　各工程のアレルゲン濃度調査とゾーニング ………………………… 114
　7.2　建物のアレルゲン対策 ……………………………………………………… 121
　　7.2.1　ゾーニングのための間仕切りの仕様 ………………………………… 121
　　7.2.2　製造現場出入口，原料および包材の搬入口 ………………………… 121
　　7.2.3　換気の方法 …………………………………………………………… 122
　　　（1）各管理作業区域間の圧力差 ………………………………………… 122
　　　（2）換気の方式の検討 …………………………………………………… 122
　7.3　生産設備のアレルゲン対策 ………………………………………………… 123
　　7.3.1　清掃しやすい設計仕様 ………………………………………………… 123
　　7.3.2　搬送設備 ……………………………………………………………… 124
　　　（1）配管搬送設備 ………………………………………………………… 125
　　　（2）ベルトコンベヤ搬送設備 …………………………………………… 125

- (3) 振動コンベヤ搬送設備 ……………………………………… 125
- (4) スクリュー搬送設備 ………………………………………… 126
- (5) バケットコンベヤ …………………………………………… 127
- (6) 空気搬送設備 ………………………………………………… 127

7.4 アレルゲン対応清掃設備仕様 ………………………………………… 127
- 7.4.1 設備の洗浄清掃の一般的な方法 ………………………………… 127
- 7.4.2 洗浄対象設備と洗浄方法 ………………………………………… 128
- 7.4.3 洗浄清掃できない設備 …………………………………………… 129
- 7.4.4 吸引清掃 …………………………………………………………… 129
- 7.4.5 設備改善後の「清掃基準書（アレルゲン）」の運用 ………… 130

7.5 おわりに ……………………………………………………………… 130

8章 ITシステムを用いた原材料表示の実際と表示作成 …………… 131

8.1 ITシステム導入前の状況 ……………………………………………… 131
- (1) 原料規格書情報の授受に時間がかかる ……………………… 132
- (2) 原材料表示作成に時間がかかる ……………………………… 132
- (3) 誤表記による商品回収リスク ………………………………… 132

8.2 原材料表示作成までの業務 …………………………………………… 133

8.3 原料規格書の収集 ……………………………………………………… 136
- 8.3.1 原料規格書収集方法における課題 ……………………………… 136
- 8.3.2 原料規格書授受の仕組み ………………………………………… 137
  - (1) 共通の原料規格書 …………………………………………… 138
  - (2) インターネットを介した原料規格書の提出 ……………… 140
  - (3) ヘルプデスクセンター ……………………………………… 141

8.4 配合表の作成と原材料表示の作成 …………………………………… 141
- 8.4.1 原材料表示作成の仕組み ………………………………………… 142
- 8.4.2 原料情報と配合情報管理に関する機能 ………………………… 142
  - (1) 原料規格書情報の管理 ……………………………………… 142
  - (2) 原料規格書中の原料情報に対する原材料表示文言の社内設定 ………… 144
  - (3) 配合情報の作成 ……………………………………………… 145
- 8.4.3 原材料表示の作成に関する機能 ………………………………… 146
  - (1) 個別の品質表示基準の選択と適用 ………………………… 146
  - (2) 原材料表示の作成 …………………………………………… 146

	（3） 原材料表示の修正 ……………………………………………………	148
8.5	原材料表示情報の伝達 ………………………………………………………	149
8.6	ITシステム導入の効果（まとめに代えて）………………………………	150

9章　アレルゲン対策の今後の方向性（あとがきに代えて）……………… 152

9.1	お客様などとの情報交換 ……………………………………………………	152
9.2	外食産業などのアレルギー表示について …………………………………	152
9.3	アレルギー表示等の問題点と今度の方向性 ………………………………	153
9.3.1	原材料表示の複雑さ ………………………………………………	153
9.3.2	アレルギー表示の問題点 …………………………………………	154
9.3.3	注意喚起表示の問題点 ……………………………………………	154
9.3.4	食品会社と食物アレルギーの人との認識の違い ………………	155
9.4	食物アレルギー関係者との情報交換の大切さ ……………………………	155

1章　食品会社は食物アレルギーにどう向き合っていくか

はじめに

　食物アレルギーとは，食事をしたときや食物に触れたときに，身体が食物に含まれる主にタンパク質を異物として認識することによって，自分の身体を防御するために過敏な反応を起こすことである．
　近年，いろいろな面でこの食物アレルギーに関わる問題が話題になっている．
　その例を示すと，以下のようなものがある．

① 乳幼児，子供の食物アレルギーの人が，近年増加しているのではないか．また，主に花粉症の人が，果物や野菜（リンゴ，モモ，ニンジン，セロリ，メロンなど）に対して，口腔アレルギー症候群となってしまうことが，近年増加しているのではないか．これらの状況下において，食物アレルギーに即効性のある有効な治療法について，期待が高まっている．

② 2012年12月に発生した，東京都調布市の小学校で発生した食物アレルギーによる死亡事故をきっかけに，食物アレルギーの児童などに給食を安全に提供するシステムが再検討された．今後，さらに改善が進むことが期待されている．

③ 食物アレルギーの原因物質（食物アレルゲン）を除去した食品や使用していない食品，食物アレルゲンの低濃度化や無害化させた食品，食物アレルギーを防いだり，緩和をする食品，といった食物アレルギーに関わる各種食品の開発が進められている．

④ アレルギー表示間違いによる食品の自主回収件数が，なかなか減少しない．

⑤ 食品に混入した，人間にとって有害な微生物（以下，有害微生物と称す）を商業的殺菌により無害化するのと同様に，混入した食物アレルゲンを安全なレベルまで低減する技術開発の研究が前に進まない．

　そして，食物アレルギーの方々といろいろお話をさせていただいて，話題になったことをもう1つ加えさせていただきたい．

⑥ 食品会社と食物アレルギーの方とでは，アレルギー表示の認識に違いがある．食品会社は，「当該食物アレルゲンを使用していません」と「当該食物アレルゲンを含んでいません」とは，意味合いが異なると考えている．しかしながら食物アレル

ギーの人は,「当該食物アレルゲンを使用していません」＝「当該食物アレルゲンを含んでいません」という見方をしている．これによって，食物アレルギー発症の確率が上がっているのでないか？

　本書では,一般の加工食品会社が行っていくべき,食品製造過程で食物アレルゲンを混入させない対策（以下，アレルゲン対策と称す）を中心に話を進めていきたい．よって，④，⑤の議論を深めることにより，⑥の食品会社と食物アレルギーの方との認識の違いをいくらか埋められることができれば幸いである．

　また，2015年4月に施行された，「食品表示基準」のアレルギー表示制度に関する法規の概略についても併せて述べていきたい．

1.1　食物アレルギーとその定義

　食物アレルギーの学術的な定義は,「食物によって引き起こされる抗原特異的な免疫学的機序を介して，生体にとって不利益な症状（皮膚，粘膜，呼吸器，アナフィラキシーなど）が惹起される現象」とされている[1]．以前の定義では,「食物を摂取した時に，免疫機序を介して生体に不利益な症状が惹起される現象」とされていた[2]．この定義の変更は，2010年，米国国立衛生研究所（NIH）の食物アレルギーの定義において，食物アレルゲンが生体への侵入経路を限定していないこと[3]や，2011年に発生した「加水分解小麦含有石鹸」自主回収事件[4]によるものと考えている．

　このように，食物アレルギーは食物を摂取したとき以外でも発症するようであるが，実際にはその大部分が食物を摂取したときに発症する．その症状は,「皮膚がかゆくなる」「じんましんがでる」「咳がでる」などである．重い症状の場合には,「意識がなくなる」「血圧が低下してショック状態になる（アナフィラキシー反応）」ということもあり,非常に危険な症状となる場合もある．これらを発症する食物アレルギーの有病率は，日本では乳幼児で10%[5]，全年齢で1～2%[6]とされている．

　人類の歴史の中で，ヒトは食中毒と長い戦いをしてきた．有害微生物は，それによって万人が同様な発症をする．しかし，日本においては食品衛生が向上して，近年，有害微生物による食中毒の発症は減少している[7]．これに対して，食物アレルギー患者は，正確な調査結果を得ていないが年々増加していると言われている．

　例えば，東京都福祉保健局の調査では，平成21年度に実施した都内における3歳児調査によると，3歳までに食物アレルギーを発症したことがあると申し出があった子供の割合は14.4%であり，10年前に実施した調査の2倍以上となっている（図1.1）[8]．また，文部科学省の調査（2013年）[9]によると，全国の公立小学校・中学校・高等学校・中等教育学

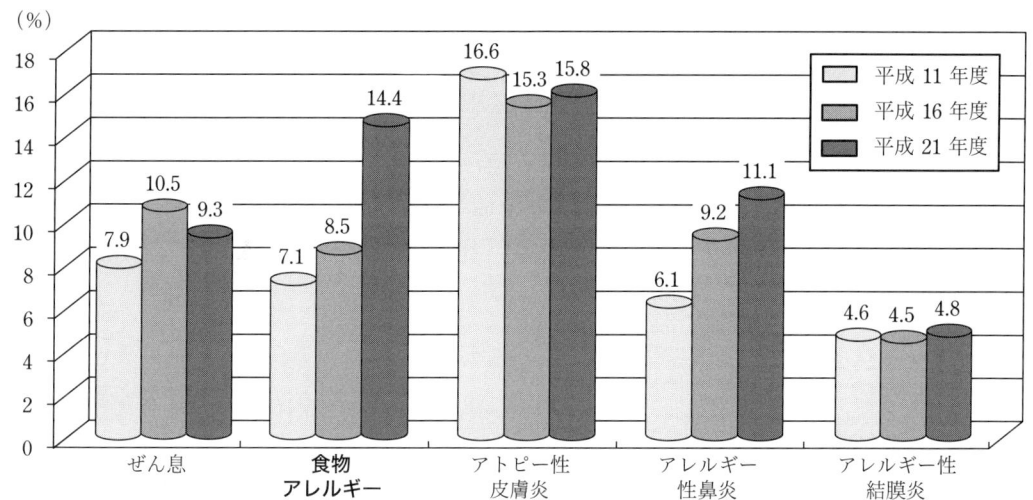

図 1.1 東京都内におけるアレルギー疾患に関する3歳児調査[8]
（3歳までに食物アレルギーを発症したことのある子供の割合）

校で，食物アレルギーの申し出があったのは，45万人（1,015万人が調査対象）であった．前回の2007年の調査結果[10]では2.6％であったが，今回は4.5％に増加しており，食物アレルギーの申し出は増加傾向にある．

また，食物アレルギーによる死亡例は，国内では年間平均3例程度発生していると言われており[11]，有害微生物による食中毒の死亡数と同程度である[7]．しかし食物アレルギーの場合は，ある特定の人に対してのみ発症するためか，その認知度は低い．

1.2 アレルギー表示制度の発足

食物アレルゲンとは，一般にIgE抗体（マスト細胞とよばれる細胞とIgE抗体が結合した状態のときに，体に侵入してきた食物アレルゲンと反応することによって，アレルギー症状を起こす）が認識できる抗原（食物アレルゲンとなりうる物質）とされており，一般に分子量10〜70kDで，熱・胃酸・消化処理に安定で可溶性の糖タンパク質とされている[12]．

国立医薬品食品衛生研究所の情報によると（2015年2月現在），登録されている食物アレルゲンは1,777であり，そのうち構造が既知のものは128とされている[13]．その他海外においても，いくつかの食物アレルギーのデータベースが存在する[14,15]．これらによると，食物アレルゲンは実は数多く存在していることとなる．

いくつもの食物アレルゲンが存在する中で，2001年食品衛生法によって症例が多いものや重篤となる食物アレルゲンを「特定原材料」に指定し，加工食品，添加物などにそれが含まれる場合，表示をするよう義務付けた[16]．2015年4月に食品表示法[17]および食品表示基準（府令）[18]が施行され，改めて特定原材料として，「乳・卵・小麦・そば・落花生・

えび・かに」の 7 品目が指定されている（以下，表示義務アレルゲンと称す）.

また，アレルギー表示に関する通知[19]では，過去に一定の健康被害のあった 20 品目を，「特定原材料に準ずるもの」として表示の奨励をしている（以下，表示推奨アレルゲンと称す）．本書では，単に「アレルゲン」と称する場合，特に断りがない限り，表示義務アレルゲン＋表示推奨アレルゲン（2015 年 4 月現在，27 品目）を指すこととする．

2001 年アレルギー表示制度施行前の JAS 法では，加工食品の原材料表示の方法の中で，「製品の原材料に占める複合原材料の配合割合が 5％未満の場合，複合原材料の内訳原材料を省略できる」といった規定があった．さらに，「添加物のキャリーオーバー（食品の原材料の製造又は加工の過程において使用され，かつ，当該食品の製造又は加工の過程において使用されない物であって，当該食品中には当該物が効果を発揮することができる量より少ない量しか含まれていないものをいう），加工助剤（食品の加工の際に添加される物であって，当該食品の完成前に除去されるもの，当該食品の原材料に起因してその食品中に通常含まれる成分と同じ成分に変えられ，かつ，その成分の量を明らかに増加させるものではないもの又は当該食品中に含まれる量が少なく，かつ，その成分による影響を当該食品に及ぼさないものをいう）は表示しなくてよい」といった規定があった．これによって，アレルゲンを含む原材料の表示がされないことがあり，食物アレルギーの人への情報提供が不十分であった．

アレルギー表示制度施行以前は，アレルゲンの表示が不十分な加工食品などを摂取することにより，食物アレルギーを発症して病院へ搬送された人は，今より多かったのではないだろうか．当時，アレルギー専門医であった三宅 健医師は，食物アレルギーを発症して搬送された患者の発症原因物質を調査した．その調査結果のいくつかの例を示すと[20]，発症原因食品に卵や小麦が使用されているが，原材料表示されていなかった例があった．ま

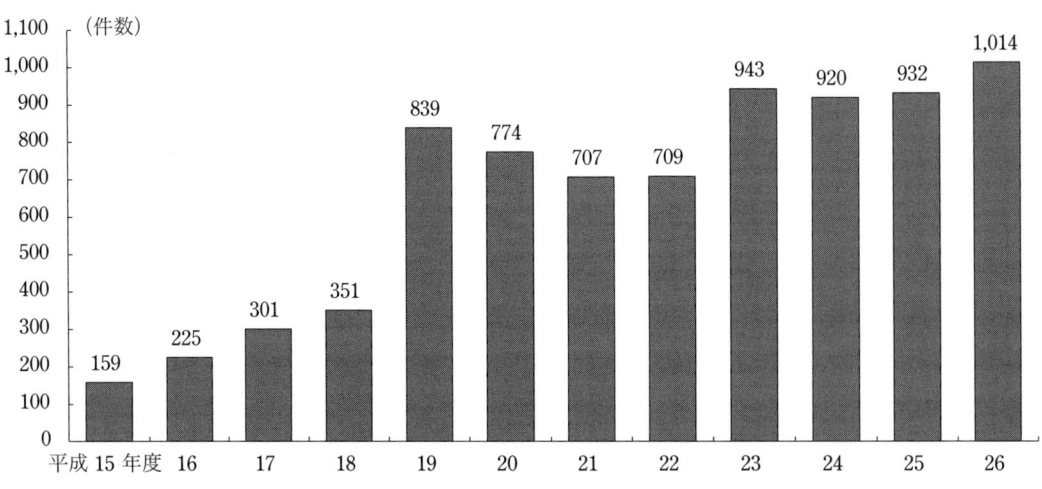

図 1.2 食品会社の自主回収件数推移[21]
農林水産消費安全技術センターHP，食品の自主回収情報（2015 年現在）

表 1.1 食品会社の自主回収理由別件数推移[21]

(単位：件・％)

	平成19年度	平成20年度	平成21年度	平成22年度	平成23年度	平成24年度	平成25年度	平成26年度
表示不適切	373 44.5	350 45.2	341 48.2	401 56.6	382 40.5	482 52.4	469 50.3	472 46.5
異物混入	87 10.4	76 9.8	50 7.1	75 10.6	45 4.8	84 9.1	68 7.3	153 15.1
品質不良	108 12.9	95 12.3	106 15.0	95 13.4	73 7.7	108 11.7	118 12.7	131 12.9
規格基準不適合	110 13.1	129 16.7	92 13.0	53 7.5	270 28.6	140 15.2	92 9.9	124 12.2
その他	135 16.1	105 13.6	97 13.7	56 7.9	153 16.2	78 8.5	159 17.1	105 10.4
容器・包装不良	26 3.1	19 2.5	21 3.0	29 4.1	20 2.1	28 3.0	26 2.8	29 2.9
合計	839 100.1	774 100.1	707 100.0	709 100.1	943 99.9	920 99.9	932 100.1	1,014 100.0

ラウンドの関係で％の合計が100.0％にならない場合がある．

自主回収理由別のうち，表示不適切を理由とする自主回収件数

(単位：件)

	平成20年度	平成21年度	平成22年度	平成23年度	平成24年度	平成25年度	平成26年度
期限表示間違い	209	197	225	206	256	241	244
アレルギー表示間違い	61	81	109	95	135	133	138
添加物表示間違い	24	20	27	12	18	9	22
その他の表示不適切	56	43	40	69	73	86	68
合計	350	341	401	382	482	469	472

農林水産消費安全技術センターHP，食品の自主回収情報（2015年現在）

た，添加物としてカゼインナトリウム（乳化安定剤として使用したと著者推定）が原材料表示されていた．しかし，食物アレルギーの人にとってはそれが「乳由来」とはわからず，摂取してしまった結果，発症した例も見られた．

このアレルギー表示制度によって，食物アレルギーの社会的認知と理解を求める機会が得られたことは大きいと思われる．しかし別の見方をすれば，食品会社にとってアレルゲン対策は新たな，そして重要なリスク管理課題として認識されることとなった．

農林水産消費安全技術センターの食品会社の自主回収データ（図1.2，表1.1）[21]を見ると，自主回収理由に占める「アレルギー表示間違い」が回収の8〜15％程度を占めている．この表示間違いは，消費者の健康被害に直接結びつくものであり，もし健康被害が発生したら大きな問題になる可能性もある．

NPO法人アトピッ子地球の子ネットワークの，アレルギー関連の自主回収理由内容を見ると（表1.2）[22]，その大部分が原材料表示中のアレルギー表示漏れである．しかし，ラベルや包材間違い，表示していないアレルゲンの混入などの回収理由のものもある．アレルゲン対策は，これらを含め改善していく必要がある．

アレルギー表示は，法規上の取り扱いは「監視事項」となっており，実際に流通している食品を抜き取り検査をしたデータがいくつか公開されている．表1.3は，平成16〜18年度に山口県が行った「ナノトラップ—アレルゲン検出キット」を用いたスクリーニング検

表1.2 食品会社のアレルギー関連自主回収事例（回収理由別）[22]

（件数）

回収理由	2009年	2010年	2011年	2012年	2013年	2014年
表示ミス	63	84	75	104	83	84
アレルゲンの検出	4	3	6	2	9	2
アレルゲンの混入	3	4	3	5	9	3
ラベル誤貼付，貼り忘れ	4	16	14	10	35	33
印字ミス，誤コード	0	0	2	1	1	10
容器間違い，誤包装	0	6	3	4	4	7
原材料間違い	0	1	1	0	3	3
参考情報	0	2	4 3*	2	1* 5** 4***	2* 1** 1*** 9† 3†† 1†††
合　計	74	116	111	128	154	159

統計は暦年による．
＊ポップ・値札　＊＊欄外注意喚起不具合　＊＊＊ヒスタミン検出　†推奨表示品目　††店頭販売回収　†††特定加工食品

1.2 アレルギー表示制度の発足

表 1.3 山口県内を流通する食品中の特定原材料検査事例[23)]

No.	検査食品名	検査特定原材料	M 社製 ELISA キット結果 (μg/g)[注1]	N 社製 ELISA キット結果 (μg/g)[注2]	PCR 又はウエスタンブロット結果[注3]	原因等	備考
1	生ラーメン	そば	2.23	1.80	DNA (+)	器具等の洗浄不足によるコンタミネーション	
2	生うどん	そば	N.D.	N.D.	DNA (−)	器具等の洗浄不足によるコンタミネーション	
3	生チャンポン	そば	N.D.	N.D.	DNA (+)	器具等の洗浄不足によるコンタミネーション	
4	生ラーメン	そば	N.D.	N.D.	DNA (+)	器具等の洗浄不足によるコンタミネーション	
5	生ラーメン	そば	N.D.	N.D.	DNA (+)	器具等の洗浄不足によるコンタミネーション	
6	乾麺	そば	N.D.	N.D.	DNA (−)	器具等の洗浄不足によるコンタミネーション	
7	乾麺	そば	N.D.	N.D.	DNA (−)	器具等の洗浄不足によるコンタミネーション	
8	乾麺	そば	N.D.	N.D.	DNA (−)	器具等の洗浄不足によるコンタミネーション	
9	乾麺	そば	N.D.	N.D.	DNA (−)	器具等の洗浄不足によるコンタミネーション	
10	乾麺	そば	N.D.	1.01	DNA (+)	器具等の洗浄不足によるコンタミネーション	
11	生ラーメン	そば	2.30	1.25	−	器具等の洗浄不足によるコンタミネーション	
12	うどん	そば	1.59	1.52	−	器具等の洗浄不足によるコンタミネーション	
13	ラーメン	そば	N.D.	N.D.	−	器具等の洗浄不足によるコンタミネーション	
14	ちゃんめん	そば	N.D.	N.D.	−	器具等の洗浄不足によるコンタミネーション	
15	生中華	そば	N.D.	N.D.	DNA (−)	器具等の洗浄不足によるコンタミネーション	
16	ゆでうどん	そば	N.D.	N.D.	DNA (+)	器具等の洗浄不足によるコンタミネーション	
17	中華生めん	そば	N.D.	N.D.	DNA (+)	器具等の洗浄不足によるコンタミネーション	
18	油菓子(小魚せんべい)	そば	2.96	N.D.	DNA (−)		偽陽性
19	菓子(ビスケット)	そば	N.D.	N.D.			偽陽性(ナノトラップ)疑い
20	ドレッシング	そば	N.D.	N.D.	−	器具等の洗浄不足によるコンタミネーション	
21	米粉ミックス	そば	N.D.	N.D.		同一工場内でそば粉を小分け	
22	めん類	そば	N.D.	N.D.	DNA (+)	器具等の洗浄不足によるコンタミネーション	
23	うどん	そば	N.D.	N.D.	DNA (−)	器具等の洗浄不足によるコンタミネーション	
24	菓子(みかん最中)	小麦	N.D.	N.D.	−	器具等の洗浄不足によるコンタミネーション	
25	魚肉練り製品(蒸し蒲鉾)	小麦	25.6	16.5	−	原材料の確認ミス(小麦デンプンを使用)	
26	魚肉練り製品	小麦	20以上	20以上	DNA (+)	原材料の確認ミス(小麦タンパク抽出物を使用)	
27	魚肉練り製品	小麦	20以上	20以上	DNA (+)	原材料の確認ミス(小麦タンパク抽出物を使用)	
28	清涼飲料水(アイスコーヒー)	乳	2.04	1.32	ウエスタン (+)	器具等の洗浄不足によるコンタミネーション	
29	ゆでうどん	乳	1.55	2.05	−	原材料の確認ミス(使用した乳化剤の成分にカゼイン)	
30	菓子(みかん最中)	乳	N.D.	N.D.		器具等の洗浄不足によるコンタミネーション	
31	菓子(みかん最中)	乳	N.D.	N.D.		器具等の洗浄不足によるコンタミネーション	
32	菓子(みかん最中)	乳	N.D.	N.D.		器具等の洗浄不足によるコンタミネーション	
33	メロンパン	乳	N.D.	N.D.		器具等の洗浄不足によるコンタミネーション	
34	菓子(ポテトチップ)	乳	N.D.	N.D.			偽陽性(ナノトラップ)疑い
35	ドレッシング	乳	N.D.	N.D.	−	器具等の洗浄不足によるコンタミネーション	
36	米粉ミックス	乳	N.D.	N.D.	−	小分け施設内で,粉乳等を使用した菓子を製造していることによるコンタミネーション	
37	菓子(やぶれまんじゅう)	乳	3.54	2.54	ウエスタン (+)	器具等の洗浄不足によるコンタミネーション	
38	魚肉練り製品	卵	25.60	20.00	ウエスタン (+)	卵白を使用しない製品に卵白を使用	
39	魚肉練り製品	卵	4.57	1.70	ウエスタン (+)	器具等の洗浄不足によるコンタミネーション	
40	生うどん	卵	N.D.	N.D.	ウエスタン (+)	器具等の洗浄不足によるコンタミネーション	
41	生チャンポン	卵	N.D.	N.D.	ウエスタン (+)	器具等の洗浄不足によるコンタミネーション	
42	魚肉練り製品	卵	N.D.	N.D.	ウエスタン (+)	器具等の洗浄不足によるコンタミネーション	
43	生中華	卵	25.6	20以上	ウエスタン (+)	原材料の確認ミス(卵白を使用)	
44	ゆで中華	卵	N.D.	N.D.	ウエスタン (+)	器具等の洗浄不足によるコンタミネーション	
45	杏仁フルーツ	卵	N.D.	N.D.	ウエスタン (−)		偽陽性(ナノトラップ)疑い
46	かく天	卵	N.D.	1.49	ウエスタン (+)	器具等の洗浄不足によるコンタミネーション	
47	丸天	卵	N.D.	1.47	ウエスタン (+)	器具等の洗浄不足によるコンタミネーション	
48	魚肉練り製品(蒸し蒲鉾)	卵	25.6	20		卵白を使用しない製品に卵白を使用	
49	魚肉練り製品	卵	判定不能	判定不能	ウエスタン (−)		イトヨリダイによる偽陽性
50	魚肉練り製品	卵	判定不能	判定不能	ウエスタン (−)		イトヨリダイによる偽陽性
51	魚肉練り製品	卵	判定不能	判定不能	ウエスタン (+)	ELISA法では偽陽性反応のため判定不能であったがウェスタンブロット法で卵白アルブミン,オイトヨリダイによる偽陽性ボムコイドを検出し調査の結果,使用を確認	
52	魚肉練り製品	卵	判定不能	判定不能	ウエスタン (+)	ELISA法では偽陽性反応のため判定不能であったがウェスタンブロット法で卵白アルブミン,オイトヨリダイによる偽陽性ボムコイドを検出し調査の結果,使用を確認	
53	そば	卵	4.49	9.23	ウエスタン (+)	器具等の洗浄不足によるコンタミネーション	
54	うどん	卵	N.D.	N.D.	−	同一工場内で卵を使用した製品を製造	

注1) M 社製 ELISA キット:(株)森永生科学研究所 モリナガ特定原材料測定キット(卵白アルブミン,カゼイン,小麦グリアジン,そば),モリナガ FASPEK 特定原材料測定キット(卵白アルブミン,カゼイン,小麦グリアジン,そば)   N.D. 1ppm 未満

注2) N 社製 ELISA キット:日本ハム(株)FASTKIT エライザシリーズ(卵,牛乳,小麦,そば),FASTKIT エライザ Ver. II シリーズ(卵,牛乳,小麦,そば)   N.D. 1ppm 未満

注3) DNA(+):検査対象のそば,小麦の DNA を検出,DNA (−):検査対象のそば,小麦の DNA を不検出,ウエスタン (+):検査対象のカゼイン,β-ラクトグロブリン,卵白アルブミン,オボムコイドの明確なバンドを確認,ウエスタン (−):検査対象のタンパク質不検出,−:検査未実施

査において，陽性（偽陽性を含む）となったもの54件について公定法による検査を実施した結果である[23].

その結果，確認試験にて陽性となったものについて原因として考えられるのは，次のようなことであった．

① 原料の中に特定原材料が混入していた
② 原材料の確認不足
③ 器具などの洗浄不足によるコンタミネーション（食品を生産する際に，原材料として使用していないにもかかわらず，アレルゲンが微量混入してしまうこと）

詳細は後述するが，これだけでも食品会社が行わなければならない対策が，いくつか見えてくる．

1.3　食品会社にとってのアレルゲン対策の課題

筆者は，食物アレルギー表示の法律が制度化されて何年か経ったときに，大手の食品会社十数社にアレルゲン対策について，ヒアリング調査をしてみたことがある．その主な内容は次のようであった．

- 洗浄清掃が頻繁にできない設備の生産品種切り替え清掃（同一ラインで，ある製品を生産後，別の製品を生産する前に行う清掃）は大変である
- 食品の乾燥設備内部の清掃は大変である
- 特定原材料を含む原材料を混合，練り込みを行う設備の清掃は大変である

など，清掃に関する対策の難しさが挙げられていた．

さらに，

- 当工場ではアレルゲン対策は完璧であるが，別の工場はうまく対策ができていない
- OEM（他社ブランドの製品を製造すること）をお願いしている会社では，コストがかかるということで，アレルゲン対策を自社と同程度に行ってもらっていない

など，同じ商品を販売しているにもかかわらず，工場によってアレルゲン対策に差異が見られる話も聞いたことがある．

ヒアリングから何年か経っているので，各食品会社のアレルゲン対策はその頃よりは進んでいると思われるが，多くの食品会社がアレルゲン対策についての仕組みを構築するには，まだ少し時間がかかると考えている．ましてや食品会社は，その多くが中小企業である．このような食品会社が，何百もの原材料，添加物および製品を取り扱うような状況の中で，完璧なアレルゲン対策を行っていくのはなかなか難しい面がある．

「加工食品会社は，自社の商品を食物アレルギーの人たちに自信を持って提供することが

できるのか？」といったことを考えた場合，次の3つの問題に直面することになる．

① アレルゲン除去の目標設定

食品表示基準のQ&A，C-3[24]では，「特定原材料を使っていたら表示しなさい」，「食品中に含まれる特定原材料などの総タンパク質量が，数 µg/ml 濃度レベルまたは数 µg/g 含有レベルに満たない場合，表示の必要性はない」とされている．これをもって製品へのコンタミネーションは，10 µg/g 未満まで許されると一般的には読み取られている．しかし，食品に 10 µg/g 未満のアレルゲンが混入したことが原因でアナフィラキシーを発症したお客様に，「10 µg/g 未満の混入なので法的責任はありません」と言うのは，現実にはなかなか難しい．そう考えると，食品会社はどこまでアレルゲン対策を実施したらよいのかわからない．

② アレルゲン対策のコスト負担

食品会社がアレルゲン混入リスクを極小化するような管理を厳格に行えば，コスト負担が大きくなる．このコストを価格に転嫁すれば同業他社品との競争力がなくなり，お客様が離れてしまうのではないかという恐れがある．

③ 技術的な対応能力

アレルゲン対策を行っていく中で，製造現場での対応は，「製品に付着させない」という対策しかない．そのためアレルゲン対策がとられている設備の導入や清掃の正確さなどが重要となる．しかし，自社だけではアレルゲン混入を防ぐ手段を立案，実施していくのは技術的に難しい．食品機械メーカーに，使用している製造設備をアレルゲン対応設備仕様（アレルゲンが付着しても簡単に除去可能な設備とするなどの，アレルゲン対策実施済みの設備．詳細は5章および7章参照）とするよう依頼をしても，なかなか対応してもらえない．

これらの問題に対してどのように対応していくかについては，会社の経営者の判断である．ただその判断のときに，「自社の商品はどなたに提供しているのか？」「自社がアレルゲン混入事故を起こした場合の社会的影響はどういうものなのか？」といったことを考えて最終判断すべきであろう．

著者の考えでは，これらに対処するため，食品会社はその実力に応じた最大限の努力をすることが肝要と考える．

■ 参 考 文 献

1) 日本小児アレルギー学会食物アレルギー委員会；食物アレルギー診療ガイドライン2012，㈱協和企画 (2012)
2) 日本小児アレルギー学会食物アレルギー委員会；食物アレルギー診療ガイドライン2008，㈱

協和企画（2008）
3) NIH；Guidelines for the Diagnosis and Management of Food Allergy in the United States：Report of the NIAID-Sponsored Expert Panel（2010）
4) リウマチ・アレルギー情報センターHP；小麦加水分解物含有石鹸「茶のしずく」を使用したことにより発症する小麦アレルギーに関する情報センター（2011）
5) Ebisawa M, et al；J Allergy Clin Immunol, 125, AB215（2010）
6) 厚生労働科学研究班（主任研究者：海老澤元宏）；「食物アレルギーの診断の手引き2011」（2011）
7) 厚生労働省HP, 食中毒統計調査（2015年4月確認）
8) 東京都福祉保健局；アレルギー疾患に関する3歳児全都調査（平成21年度）概要版（2009）
9) 文部科学省；学校生活における健康管理に関する調査中間報告, 学校給食における食物アレルギー対応に関する調査研究協力者会議資料（2013）
10) 文部科学省 アレルギー疾患に関する調査研究委員会；アレルギー疾患に関する調査研究報告書（2007）
11) （独行）環境再生保全機構；ぜん息予防のためのよくわかる食物アレルギーの基礎知識2012年改訂版（2012）
12) Sampson HA；J Allergy Clin Immunol 113, 805-819（2004）
13) 国立医薬品食品衛生研究所；代謝生化学部アレルゲンデータベース http://allergen.nihs.go.jp/ADFS/（2015年4月確認）
14) WHO/IUIS；ALLERGEN NOMENCLATURE（http://www.allergen.org/）
15) The Informall Database（http://www.informall.eu.com/）
16) 厚生労働省；食発第79号厚生労働省医薬局食品保健部長通知,「食品衛生法施行規則及び乳及び乳製品の成分規格等に関する省令の一部を改正する省令等の施行について」(平成13年3月15日)
17) 「食品表示法」平成二十五年六月二十八日法律第七十号, 最終改正：平成二六年六月一三日法律第六九号
18) 内閣府；府令第十号,「食品表示基準」（平成27年3月20日）
19) 消費者庁；消食表第139号消費者庁次長通知, 食品表示基準について, 別添アレルゲンを含む食品に関する表示の基準（平成27年3月30日）
20) 三宅 健；アレルギーなんかこわくない, p.193, 講談社（2001）
21) 農林水産消費安全技術センターHP, 食品の自主回収情報（2015）
22) NPO法人アトピッ子地球の子ネットワーク；食物アレルギー危機管理情報（FAICM）集計資料（2015）
23) 立野幸治, 藤原美智子, 津田元彦, 三浦 泉；山口県環境保健センター所報, 49（2006）
24) 消費者庁食品表示企画課：消食表第140号, 食品表示基準Q&Aについて, 別添アレルゲンを含む食品に関する表示, C-3（平成27年3月30日）

2章　食物アレルギーの人やその家族の要望と事故例

　食品会社がアレルゲン対策を行っていくには，まずアレルギー表示の法規（食品表示基準など）を知ることである．そしてもっと重要なことは，その法規ができた主因である食物アレルギーの人とその家族の行動や要望を知ることである．また，実際に発生した事故例からその原因と対策を考えることである．それらについていくつかの例を示し，そこから見えてきた食品会社が取り組まなければならない課題について解説していきたい．

　また，食品会社にお勤めの読者におかれては，「食物アレルギーの人に配慮した食品の研究開発」という面からも，本章を役立てていただければ幸いである．

2.1　食物アレルギーの人とその家族の加工食品の選択の仕方

2.1.1　一般用加工食品に含まれるアレルゲンをイメージで選択

　食物アレルギーの人，一人ひとりのアレルゲン（ここではすべての食物アレルギー原因物質を指す）に対する感受性は異なっており，また，複数の食物に対してアレルギーのある人でも，各々の食物に対するアレルゲンへの感受性は同一ではない．

　医師による食物アレルギーの治療は，「正しい診断に基づいた必要最小限の原因食物の除去」が基本[1]である．そして医師の指示の下，食物経口負荷試験（実際にアレルゲンを食べてみて，どの程度で発症するのか確認する試験）を行い，アレルギーの治療を行っていくのが原則である．よって，食物アレルギーの人はこの試験を行って，医師よりどの程度のアレルゲンを含んでいる食品を摂取することが可能なのかを知らされるのが，本来の姿である．

　しかし，アレルギー症状が軽い人は，なかなか専門病院にはいかないものである．NPO法人アトピッ子地球の子ネットワークの情報によると[2]，食物アレルギーの人は，どの程度の量のアレルゲンを含んでいる食品を避けなくてはならないのか，医師から指導されていないことが多いようである．そのため食物アレルギーの人やその家族は，独自に判断して，加工食品を選んでいることが多い．

　食物アレルギーの人は，発症して間もない時期は微量なアレルゲンにも反応してしまうことが多いようであるが，その時期を過ぎて食事のコントロールに慣れてくると，市販加

工食品を選択できるようになる．アレルゲンがひょっとして微量に含まれているかもしれない食品を，自らが少しずつ試してみる．そしていくつか試してみて，「摂取して大丈夫なブランド」を固定化する．

例えば，卵アレルギーの人がスーパーの店頭でパンを購入するとき，「フランスパンなら大丈夫」，「ライ麦パンなら大丈夫」「マフィンには卵は入っていることが多いけれど，レーズン入りマフィンには入っていないと思う」といった具合である．そこで，まず自分のイメージで食品を手に取り，その後パッケージの原材料表示を確認し，「卵」の表示がないことを確認して購入するのである．そして最初のイメージからふるい落とされた加工食品は，まず購入されることはない[2]．購入して，おいしく，アレルギーの発症のない場合は，その加工食品を高確率で再購入することになる．

2.1.2　イメージで加工食品を選択した場合の失敗例と回避例

食物アレルギーの人は，イメージで加工食品を選択，購入したがために，失敗することがある．NPO法人アトピッ子地球の子ネットワークの情報から，その失敗例と回避例を示す．なお，本例の原材料表示については，食品表示基準施行前の原材料表示の方法となっていることにご注意願いたい．

〈事例1：失敗例〉

その人は軽度の卵アレルギーであった．「赤飯おこわ」を購入しようとして，その原材料表示を見ると「赤飯、ゴマ塩、調味料（アミノ酸等）、酢酸Na、グリシン（原材料の一部に卵を含む）」との記載があった．表記に「卵を含む」とあったが，「少量のアレルゲン量だろう」と判断して食べたところ，アレルギーを発症したのである[3]．

この例では，もち米の前処理でグラム陽性菌の静菌（微生物を増殖させない措置）のために，卵白リゾチームを使用していた．もち米はその後加熱処理を行うため，リゾチームは失活（温度を高くした後に冷やしても，酵素がタンパク変性しており酵素作用が起こらない）してしまう．したがって原材料表示としてはキャリーオーバー（1章1.2参照）扱いになるので，原材料としての表示義務はない．しかし卵白リゾチームはアレルゲンなので，食品会社はこの商品にアレルギー表示をしていたのである．

「赤飯おこわ」の加工になぜ「卵」が関わってくるのか，食品会社の社員でもなかなかピンとこない．ましてや，添加物についての詳しい知識のない食物アレルギーの人にとっては，判断しにくい例であったといえる．

〈事例2：回避例〉

こちらも卵白リゾチームを用いた食品を購入したが，原材料表示を見て摂取を回避した例を示す．同じく卵アレルギーの人が「茶豆まんじゅう」を購入して原材料表示を確認したところ，「小麦粉、大豆、砂糖、小豆、増粘多糖類、グリシン（卵、乳由来（現行

法では卵・乳由来と表示))」となっていた．使用されていた日持ち向上剤の添加物製剤は，グリシン約90％，乳糖数％，卵白リゾチーム0.4％などを配合したものであった[2]．卵アレルギーの人は，この「(卵、乳成分由来)」の表示を見て，食べなかったと思われる．

このように，表示の記載方法1つをとっても，ちょっとしたニュアンスの違いで摂取するか否かが分かれるのである．また，それをみて「食べられる」か「食べられないか」の選択は各人が自分のイメージと経験則から判断しているようである．

なお，添加物のアレルゲンの表示方法は，食品表示基準によって基本的には「〇〇由来」に統一された[4,5]．

2.1.3 購入選択を控える加工食品の原材料表示例

食物アレルギーの人の多くは，原材料表示内容やその表示から予想されるアレルゲン濃度が想像できないときは，それを選ばない．例えば，「タンパク加水分解物」「デンプン」や，添加物の一括名で記載されている苦味料，酵素，香料，乳化剤他など，その由来がわからないものが表示されている場合，購入を避けるのである[2]．

食物アレルギーの人は，何が引き金となって辛いアレルギー症状を引き起こすかわからないため，避けて通るに越したことはないのである．アナフィラキシーショックなど重篤な症状を引き起こす可能性のある人は尚更である．

食品会社は，食物アレルギーの人に安心して商品を選んでもらうために，原材料表示などについてさらにわかりやすい表記とする工夫が必要である．参考までに，食物アレルギーの人にとって，わかりにくいとされている原材料名について，独立行政法人環境再生保全機構の「ぜん息予防のためのよくわかる食物アレルギーの基礎知識」に掲載されている一覧を表2.1に示す[6]．

2.1.4 複数の食物アレルギー原因物質を持っている人の加工食品の選択

東京大学の神奈川芳行らは，2003年にアレルギーの会全国連絡会の会員の協力を得て，食物アレルギーに関する調査を行い，その結果をまとめている[7-9]．そのアンケート結果によると，会員全体の80.6％（調査有効回答1,383件に対しての割合）が複数の食物アレルギー原因物質を持っていることがわかった．2つのアレルギー原因物質を持っている人は19.0％，3つの原因物質を持っている人が13.2％，さらに6つ以上持っている人が30.6％という結果であった．

このような複数のアレルギー原因物質を持っている人は，加工食品を購入する場合，何を，どのように選択したらよいか悩んでいるようである[2]．

表2.1 アレルギーの方にとってわかりにくい原材料表記とされているもの[6]

カカオバター	カカオ豆をローストした後,すりつぶして作られるカカオマスを圧搾してとった脂肪分.バターという単語が含まれているが「乳」とは関係ない.
カゼイン	牛乳の主なアレルゲンタンパク質の1つ.熱処理では凝固しにくいが,酸で固まる性質がある.
グルテン	グルテンは小麦,ライ麦などの穀物に含まれるタンパク質であるグリアジンとグルテニンが結合したもので,小麦などの主要なタンパク質である.小麦粉特有の「ねばり」を作る成分.タンパク質の含有量の多い順に,強力粉(パン,パスタ用)・中力粉(うどん,お好み焼き,たこ焼き用)・薄力粉(ホットケーキ,クッキー用)に区別される.
ゼラチン	タンパク質の1種で,水溶性のコラーゲン.水に溶いて加熱したあと冷やすと固まる性質を有する.牛・豚・にわとりの骨や皮が原料となる.魚由来のものもあるが,哺乳類由来のゼラチンとは一般的には交差反応しない.
増粘多糖類	果実,豆,でんぷん,海藻から抽出した多糖類で,増粘剤や安定剤として使われる.これによって食品にとろみをつけ,食感やのどごしを良くする目的で広く使用される.お菓子・アイスクリーム・ドレッシング・練り製品などに使用される.
タンパク加水分解物	原料のタンパク質をペプチドあるいはアミノ酸まで分解したもの.うま味調味料として使用される.動物性の原料として牛,にわとり,豚,魚など,植物性の原料として大豆,小麦,コーンなどが使われる.
でんぷん	多糖類の1種で,水に溶いて加熱すると糊状になる.じゃが芋・米・小麦・くず・コーン・さつま芋・サゴヤシなどが原料になる.
乳化剤	混ざりにくい2つ以上の液体(例えば油と水)を乳液状またはクリーム状(白濁)にするための添加物である.卵黄あるいは大豆のレシチンや牛脂などから作られる.化学的に合成されることもある.牛乳から作られるものではないので,牛乳アレルギー患者でも摂取できる.
乳糖(ラクトース)	牛乳中に存在するガラクトースとグルコースが結合した二糖である.稀ではあるが,牛乳アレルギー患者でアレルギー症状を起こすことがある.乳糖は牛乳を原材料として作られているため,乳糖1g中に4〜8μgの牛乳タンパク質が混じっている.乳糖はアレルギー物質表示制度では表示義務になっている「乳」に含まれる.「乳」の文字が含まれているため「乳」の代替表記として認められている.
乳酸菌	食べ物を発酵して乳酸を作り出す細菌の名前.牛乳とは直接関係なく,牛乳アレルギー患者も摂取可能.しかし,乳酸菌で発酵した乳(発酵乳)は原材料が乳であるため,牛乳アレルギー患者は摂取できない.
乳酸カルシウム	化学物質であり「乳」とは関係ない.
ホエー(ホエイ)(乳清)	牛乳に含まれるタンパク質で,牛乳から乳脂肪やカゼインを除いた水溶液である.酸で固めたときに残る液体部分(乳清)である.
ラクトグロブリン	牛乳の主なアレルゲンタンパク質の1つ.カゼインに比べ酸処理に酸性を示すが,加熱処理には弱い.
卵殻カルシウム	卵殻カルシウムには高温で処理された焼成カルシウムと未焼成カルシウムとがある.焼成カルシウムには卵のタンパク質が残留していないため,食品衛生法(現行法では食品表示基準)では卵の表示は不要であるが,未焼成カルシウムは確認不十分のため,卵の表示をしている企業が多い.(卵殻未焼成カルシウムも卵のアレルゲンの混入がほとんど認められず,卵としてのアレルゲン性は低いとされている)
レシチン	乳化剤として使用.大豆あるいは卵黄から作られる.
油脂	動物性油脂には魚油・バター・ラード,植物性油脂には大豆油・パーム油・なたね油・コーン油・キャノーラ油・やし油などがある.

アレルゲンを含まなくても，天ぷらや揚げ菓子など n-6 系多価不飽和脂肪酸と呼ばれているリノール酸などを多く含む油脂（なたね油や大豆油など）を用いた食品は，アレルギー疾患の増加と重症化の一因とされている．それに対して魚油，シソ油，エゴマ油などに多く含まれている n-3 系多価不飽和脂肪酸は，逆にアレルギーを和らげるとされている．摂取脂肪酸の n-6/n-3 比の上昇も，アレルギー疾患と深く関わっているとされているので，注意が必要である[10]．直接的なアレルゲンの存在以外にも，食物アレルギーが関係しているものがあるので，選択に悩むこととなるのである．

子供にとって，おやつは栄養学的にも重要であり，また何より本人にとって楽しみの1つである．しかし，多くの食物アレルギー原因物質を持つ子供の場合，その選択は難しいものとなる．小麦アレルギーの軽度な人の場合は，おやつに揚げていない米菓を選択しているようである[2]．米菓には醤油味のものが多い．醤油には小麦タンパク質が含まれている可能性があるが，醤油に含まれる小麦タンパク質が，酵素によりアレルギーを発症しないレベル程度まで分解されていることが多い．また，アレルゲン分析を行っても検出限界以下となっていることが多い．しかしながら，重篤なアレルギーの人は，そのような判断に踏み切れないことが多いようである．

2.2 食物アレルギーの家族を持つ家庭の生活

2.2.1 食物アレルギーの家族のためにその家庭が実施していること

日本ハム（株）中央研究所では，2001 年当時，アレルゲン除去食品（1999 年厚生省（現厚生労働省）認可）であった「アピライト」を購入されたお客様に対して，アンケートを実施した（有効回答 207 名）．その結果が，同研究所のホームページ内の「食物アレルギーねっと」に掲載されている[11]．その内容のいくつかを紹介する．

食物アレルギーの家族を持つ家庭が，家族のために行っていることは，「家族と別のメニューを作る」（第 1 位），「外食を控えている」（第 2 位），「無添加・無農薬食品を利用している」（第 3 位），という結果になっている．食物アレルギーの家族を持つ家庭は，食物アレルギー原因物質の混入防止のために，別途メニューを作るなど手作り料理を心がけており，食事作りに細心の心配りをしていることがうかがえる．また，食品や食事全般に対して高い意識を持っているということがわかった．

2.2.2 食物アレルギーの家族を持つ家庭の困りごと

同じく「食物アレルギーねっと」が調査した，食物アレルギーの家族を持つ家庭の困りごとについて紹介する[11]．

その悩みは「外食ができない」「栄養不足に対する不安」「食費がかさむ」の割合が高く，

一方，「買い物や調理に時間がかかる」は，一番低い結果であった．このことから，食物アレルギーの家族を持つ家庭では，気軽に外食を楽しむことができないということもあり，材料を厳選して，手間暇を惜しまず食事を準備しているようである．このアンケートの結果を検討してみると，食物アレルギーの人用の調理が簡単にできる支援システムの開発が今後の課題といえる．

2.2.3　食物アレルギーの家族を持つ家庭の外食・中食に関しての最近の情報

2014年2月に，外食・中食産業等食品表示適正化推進協議会が「食物アレルギーの子を持つ親の会」に郵送アンケートを送付して調査を行った結果（500名にアンケート依頼，有効回答184）を紹介する[12]．それによると，食物アレルギーの子供を含む同居家族の方が月に数回以上の頻度で外食しているのは45％で，一般消費者の53％と比較して大きくは変わらない．

また，食物アレルギーの子供を含む同居家族の方が，中食を月に数回以上の頻度で利用されているのは46％で，一般消費者の61％と比較して大きくは変わらない．外食・中食の利用に関して，食物アレルギーの子供を含む同居家族の方は，一般消費者と較べて利用傾向に大きな違いがないようである．前述の「食物アレルギーねっと」の情報と較べると，食物アレルギーの方々の食生活が変わってきつつある状況を示していると言える．その意味では，外食等のアレルギー表示やアレルゲン対策の実施が早くに行われることを望みたい．

2.3　食物アレルギーの人とその家族からの要望

前述のように，食物アレルギーは重篤な症状から軽微なものまで，その症状は人によって千差万別である．そうした違いに起因して，それぞれ違う要望がある．

2.3.1　わかりやすく詳細な原材料表示とする要望

アレルギーの人とその家族の中には，食物アレルギー発症の回避のために，加工食品会社に問い合わせをしている人がいる．神奈川芳行らの調査（有効回答579家族，複数回答）[7]によると，「詳細な使用原材料について」（第1位），「自分や家族の食物アレルギーの原因となる物質がその製品に含まれているかどうか」（第2位）の問い合わせが多く，次いで「詳細な使用調味料」「表示内容と事実の確認」「表示添加物の詳細」と続いている．

食品表示法[13]の第一条「目的」や，第四条「食品表示基準の策定等」を熟読すると，国の食品表示についての意欲が見られる．しかし，残念ながら食品表示基準の原材料表示の一部の仕組み[14]が，含まれている原材料やアレルゲンの量などを推定することを難しくし

ている側面がある（詳細は3章3.1.3，9章9.3参照）．このような原材料表示の場合，微量であれば摂取可能な人など一部の食物アレルギーの人にとって，加工食品の選択が難しくなる．さらに言えば，大部分の一般消費者は，複雑な原材料表示の法規があることさえ知らないのではないかと思われる．

2.3.2 特定原材料などの濃度に関する表示についての要望と困難さ
(1) 極微量でも発症する人の要望

食品表示基準のQ＆Aでは，「最終加工品における特定原材料などの総タンパク質量が数 µg/g 含有レベルに満たない場合は，アレルギー症状を誘発する可能性が極めて低いため，表示を省略することができる[15]」（1章1.3参照）とされている．

しかし，重篤な食物アレルギーの人とその家族からは「微量でも特定原材料などが含まれていれば表示してほしい」との要望がある[2]．重篤な人は，極微量であってもそれが原因となって死に至る場合もあると思っているからである．私の知人に，そば屋の近くを歩くだけで息苦しくなってしまう「そばアレルギー」の人がいるので，その気持ちはわからないでもない．

現実には，一般の加工食品会社では，アレルギー表示の方針として原料会社から「この原料には△△のアレルゲンが入っています」との連絡を受けたら，特にアレルゲン濃度を確認することなく，△△のアレルギー表示をしているのがほとんどである．これは原料採用前に，原料に含まれているアレルゲンの濃度を分析している会社が，ごく少数であることにも起因している．

しかし，法的には「特定原材料などの総タンパク質量が 10 µg/g 未満であったら表示をしなくてもよい」という解釈がなされている以上，食物アレルギーの人は，「アレルゲンが微量に入っているかもしれない」という心配は拭い去れない．表示しなくてもよいとされている製品中の「アレルゲン 10 µg/g 未満」の濃度が，重篤な食物アレルギーの人にとって適切なものか否かについて，さらに議論していく必要があると考える．

(2) 微量であれば摂取可能な人の要望

微量であるならアレルゲンが含まれていても摂取可能な人からは，「アレルゲンの濃度について，量的な（10 µg/g 未満など）表示をしてほしい」という要望がある[2]．

人間誰しも「多種多様なおいしいものを食べたい」という欲求があり，それは自然なことである．ほんのわずかのアレルゲンが含まれていただけで発症してしまう重度の食物アレルギーの人は，多くはない．軽度の食物アレルギーの人は，発症しないで済むアレルゲン濃度であればいろいろな食品を食べたいと思っているのである．また，食べられるものが限られていると，栄養が片寄る可能性があるので，十分注意する必要もある．具体的なアレルゲンの量的数値が示されていれば，それを手がかりにして食品を選ぶことができる

(3) アレルゲン濃度を表示する困難さ

しかし，食品会社にとって，その商品に含まれているアレルゲンの濃度を明確にして，その濃度を表示することは結構大変なことである．

それは，商品中の表示義務アレルゲンの分析上の面からみても，以下のようなことを検討する必要があるので，慎重に扱わなければならない．

① 原料や製品の製造ロットによるバラツキがある
② 製品中のアレルゲンが偏在していて均一に分布していないことがある
③ 食品によっては，分析上の偽陽性や偽陰性を示すものがある
④ 甲殻類のタンパク質は自己消化によって検出されにくくなる可能性がある

これらのことを乗り越えて，例えば原料のロット分析や製品のロット分析などを行って，そのバラツキが $10 \sim 20\ \mu g/g$ のアレルゲン濃度となるようであれば，そこで初めて「含まれている含有量は $10 \sim 20\ \mu g/g$」などの表示が可能になる．

濃度に関する表示が困難ということであれば，法律の範囲内で食物アレルギーの人が原材料表示を見て，アレルゲン濃度がある程度予測できうるようにいろいろな工夫が必要と考える．例えば，「エビ 0.5％配合」などの表示のように，アレルゲンの含まれている原料の配合量を開示する方法も考えられる．

2015 年 4 月施行の食品表示基準によって，アレルギー表示の方法が「個別表示」を基本（原材料名の直後に（ ）を付して表示）とすることとなったことは，アレルギーの人にとって朗報であろう（詳細は 3 章 3.1.3 参照）．これによって，アレルギーの人が当該食品に含まれるアレルゲン濃度を，いくらかは予測できる手助けになるのではないかと考える．

2.3.3 アレルゲンを含む原料へ変更を行う際の問題点と対処法

食品会社にとって，おいしく，安価な商品を安定してお客様に提供するのは重要な役目である．そのために，商品を構成する原料の変更やその配合量を変更することがある．しかし，良かれと思って原材料の変更をしたことが，アレルゲンが絡むと問題となることがある．食物アレルギーの方から，「原料が変わった場合は，是非そのことがわかるようにしてほしい」旨の強い要望がある．NPO 法人アトピッ子地球の子ネットワークの情報から，そのいくつかを紹介する．

〈事例 1〉

乳，卵アレルギーの人が，パン粉の原材料に乳成分と卵を含まないものを使ったコロッケを見つけて，いつも購入していた．しかし，いつのまにか乳成分を含むパン粉に変わっており，近頃コロッケを食べると下痢をすることから気がついた．製造会社に問

い合わせをすると,「仕入れ先変更のため原材料を変更した」と説明された[3].

〈事例2〉

　落花生アレルギーの人が餃子を食べて発症したので,気になって製造会社に問い合わせた.添付のタレの原材料表示に「植物油」と記載されていたが,実際には大豆油主体でその一部に落花生油が含まれていたことが原因であった.しかし,原材料表示には落花生油に関する表示がなかった.製造会社も,「植物油」に落花生油が配合されていたことをよくわかっていなかった様子であった[3].本来の原材料表示は,「食用植物油脂（大豆・落花生を含む）」とされるべきであろう.

〈事例3〉

　乳,卵アレルギーの人がナンを食べて発症した.以前は原料にショートニングが使われていたが,マーガリンに代わってから症状がでた.マーガリンの原材料はなたね油,パーム油,粉乳,食塩,大豆レシチン,バターフレーバーなどであった.マーガリンの原材料に粉乳が含まれていることが原因と考えられた[2].

　食物アレルギーの人は,普通の人より食品の選択の幅が狭いので,一度食べてアレルギーが発症せず,おいしかった商品は高い確率で再購入する傾向がある.しかし,ある時に配合が変わって,アレルゲンを含む原料が新たに加わったり,大幅にアレルゲン濃度が増加した場合は,非常に危険な状態となる.

　このようなことについては,いくつかの対策が考えられる.

① 商品名に「New」や「新」などの名称を入れたり,パッケージの大幅なデザイン変更を行ったりして,お客様に商品仕様が変わったことを理解しやすいようにする.

② 店頭に,アレルゲンが含まれていない商品とアレルゲンが含まれている商品とが混在しないように,今まで販売していた商品を終売する.

③ 店頭告知を行い,お客様に商品仕様が変わったことを理解しやすいようにする.

④ メディアやインターネットを通じて,商品仕様が変わったことを伝える.

以上のような対策を講じる必要がある.食品会社は流通関連の会社などと協力し,考えられる対策すべてを実施して,事故が発生しないよう最大限の努力をするべきである.

2.3.4　アレルギー任意表示の統一化の推進

　現在,ユニバーサルデザイン（すべての人にとって,できる限り利用可能であるように製品,建物,環境などをデザインすること）を進めようとする活動が活発である.

　容器・包装関係においては,高齢者,色弱者,力の弱い人,子供などへの配慮がなされているものが多い.また,高齢者・障害者に配慮したJIS規格があり,統一化を図っている.こうした流れに沿う形で,食物アレルギーの人からもアレルゲンの表示をイラスト,文字

の色や大きさを変えるなどわかりやすくしてほしいという要望が出ている．

　しかし，これらの統一化については遅々として進んでいないのが現状である．NPO法人食物アレルギーパートナーシップでは，アレルゲンの任意表示（法規による原材料表示の中で表示されるアレルギー表示を法定表示としてみなすのに対して，食品会社などがお客様にわかりやすい表示を目指して自ら工夫して独自のアレルギー表示を行うこと）について調査・検討を重ねている[16]．このような任意表示の統一化の方向性について，著者としての意見を以下に述べていきたい．なお，文字がよくわからない子供にとって有効なアレルギー表示の方法については，今後の検討課題としたい．

(1) アレルギー任意表示はどこから手をつけるべきか

　まず，「アレルギー任意表示」をするアレルゲンを，表示義務アレルゲンに限るのか，表示推奨アレルゲン品目を含めた27品目にするのかを明確にすることが必要である．

　しかし，任意表示の統一化を考えるのであれば，アレルゲンの管理が複雑であることを考慮して，まずは表示義務アレルゲンの表示の統一化を推奨する方向がよいと考える．中小の食品会社の場合は，表示義務アレルゲンの任意表示の管理だけでも運用が大変であろう．また，任意表示に合わせて注意喚起表示も27品目のアレルゲンについて表示をしている食品会社の場合，商品の改廃の管理をしっかりしていくことが必要である．各製造ラインの生産品目と，使用されているアレルゲンについての改廃管理が不十分であると，当該製造ラインで使用しているアレルゲンの注意喚起表示漏れの可能性や，当該製造ラインで使用していないアレルゲンを注意喚起表示してしまう可能性がある．

　このような観点から，表示義務アレルゲンの任意表示の統一化を進めていく方がよい．もちろん，アレルゲン27品目を含めた任意表示および注意喚起表示管理の可能な食品会社は，その表示を行っても何ら問題ないであろう．まずは，できるところから任意表示の統一化を始めるのがよいと考える．

(2) 使用しているアレルゲンの表示と，含まれていないアレルゲンの表示

　「アレルギー任意表示」の方法として，「使用している表示義務アレルゲン」を表示することにすべきである．現在，市販されている加工食品の任意表示を確認すると，使用しているアレルゲンを表示している場合と，使用していないアレルゲンを表示している場合とがある．

　一般的な食品会社では，当該商品において，「使用していないアレルゲン」という意味は，そのアレルゲンがまったく含まれていないということと同等ではないと考えている（中小の一部食品会社ではこれを混同している場合もあるが）．それは，食品会社それぞれの努力によって，含まれていないはずのアレルゲンの混入確率を限りなくゼロに近づけることは可能であるが，混入確率を常にゼロとすることは不可能に近いからである．しかし，食物アレルギーの人は「使用していないということは，アレルゲンは含まれていないという

ことだから食べても大丈夫」と考えている人が多い（1章参照）[2]．それらを考え合わせると，食品会社は，当該商品に使用していないアレルゲンを表示することはリスクがあるので，使用しているアレルゲンを表示すべきである．

(3) アレルギー任意表示の表示位置

任意表示は，パッケージの表面の見やすい位置に，統一して記載することがよい．現状の任意表示は，食品会社の判断で記載しているので，いろいろな位置に表示している．表示位置をパッケージ表面とすることにより，食物アレルギーの人が購入時に，容易に使用表示義務アレルゲンを判断できることが可能となる．この統一化によって，アレルギー任意表示の見逃しが起こりにくくなるであろう．

(4) アレルゲン含有の有無の表示方法

現状の「アレルゲンの使用の有無についての表示方法」は，「○」「×」「色分け」「抜き文字」など各種の表示方法がなされている．食物アレルギーの人とその家族にとっては，「○」は安全と認識されているようである[2]．

いくつかの表示の中で，本書においては，「アレルゲンを挙げ，使用しているアレルゲンの枠自体を塗りつぶしして，抜き文字表示」することを推奨したい．この方法は，よく即席麺の表示に使用されているようである．

アレルギーの市民団体や食品会社の意見など各種の情報収集結果を踏まえて，内閣府，農林水産省，経済産業省などの府省がイニシアティブをとって，早急にアレルギー任意表示の統一化を進めていただくことを期待する．

2.3.5 アレルギー対応メニューがあれば利用したい店舗

前述の，日本ハム（株）中央研究所ホームページ内の「食物アレルギーねっと」が調査した「食物アレルギーのご家族を持つ家庭が，アレルギー対応メニューがあれば利用したい店舗」[11]は，ファストフード店，ファミリーレストランが一番多く，次いでテーマパークなども高い割合を示した．食物アレルギーの人は，これらの店舗でのアレルギー表示の義務化について，早めの対応をとってもらいたいと望んでいる．

2.4　アレルゲン対策が不十分な事例

NPO法人アトピッ子地球の子ネットワークの情報から，食物アレルギー関連の事故例をいくつか紹介する．また，そこから考えられるアレルゲン対策についても言及したい．

〈事例1：食品会社の調査不足〉

小麦アレルギーの人が小麦不使用の米粉パンを食べて，小麦アレルギーを発症した．その原因究明のため，米粉パン会社を訪問して小麦アレルゲンを含むものが使われていな

いか確認した．しかし，米粉パンの工場内では小麦関連のものは存在しなかった．そこで，さらに遡って米粉の製造会社の調査を行った．

米粉の製造会社の製造現場では，以下のようなことが確認された[2]．

- 小麦粉主体の製品から米粉製品への生産品種切り替え時に，ライン上の共洗いを行っていた
- カーテンで仕切った隣室で小麦粉を移し変える作業をしていた

小麦粉のタンパク質濃度は，約10％（100,000 μg/g）であるので，共洗いして小麦タンパク質を10 μg/g 未満の濃度とするには，少なくとも約10,000倍希釈をする必要がある．この共洗いは，結構大変な作業内容であると推察される．また，小麦粉の移し替え作業時に，飛散による小麦粉のコンタミネーションの可能性も十分ありそうであった．

上記のような調査の結果，原因は米粉製造会社が小麦アレルゲンのコンタミネーション防止について，十分検討せずに製造してしまったことが推定された．また米粉パン会社は，原料米粉に小麦アレルゲンが含まれる可能性について調査しないで，「小麦不使用」と表示したことが問題である（10 μg/g 未満であれば法規には抵触しないのだが）．

米粉パン会社は原料の十分な調査をした上で，小麦不使用の米粉パンの製造を行うことが必要である．さらに米の場合，製造現場で小麦のコンタミネーション発生の可能性があるだけでなく，圃場や流通・加工段階などで，小麦，そばのコンタミネーション発生の可能性もある．

加工食品の製造会社は，原料製造会社（以下，原料会社と称す）と双方の品質保証の仕組みについて，十分な意見交換を行うとともに，必要に応じて現場確認をした上で要求品質にあったものを購入すべきであろう．

〈事例2：1日の終業清掃後の連絡不足〉

ある食品工場で，本来なら乳のアレルゲンが入っていないはずのバッター液（天ぷらの衣液）に乳アレルゲンが混入した例である．バッター液は，一般にバッターミキサー（専用の粉と水とを入れて混合する装置）を用いて製造される．

製造当日は，乳アレルゲンを含まないバッター液の製造が予定されていた．生産開始時のバッターミキサーに，前日残った仕掛品のバッター液（乳のアレルゲン入り）を入れて生産を開始したため，乳アレルゲンの入ったバッター液ができてしまった．この衣で作った天ぷらを乳アレルギーの人が食べて，発症してしまったのである[2]．

1日の終業清掃後や生産品種切り替え清掃（同一ラインで，ある製品を生産後に別の製品を生産する前に行う清掃）後に余った仕掛品の取り扱い，およびその仕掛品の内容を伝達する仕組みができていなかった例である．

清掃後に作業員が代わる可能性もあるので，アレルゲンに関しての情報伝達マニュアルを作り，その運用のための教育を行うことが必要である．

またこの工場では，バッターミキサーの漏斗状の出口付近でバッター液が不均一な状態を呈するため，出口からバケツで受けたバッター液を戻し入れて再撹拌することを日常的に行っていた．作業員は，これらの日常作業から，「異種製品の仕掛品を使用しているかもしれない」という意識が足りなかった可能性もある．さらに別の面から見ると，微生物制御上の問題や粘度変化など品質上の問題から，前日の仕掛品を使用するか否かの判断も併せて必要と考える．

〈事例3：作業用具の取り扱いについてのマニュアルが不十分〉

複数の製造ラインを持つ工場で，1日の終業清掃時や生産品種切り替え清掃時に，乳を含むライン，卵を含むラインなどで同じ刷毛を使っていた．刷毛を使いまわしたことによって，アレルゲンのコンタミネーションが発生した[2]．コンタミネーション防止のため，製造ライン内では，作業区域の線引きと動線の明確化，作業用具，作業服の厳格な区分けが必要である．

〈事例4：試作品の作製を行った後の清掃不足〉

ある食品会社で，製造ラインにて試作品の作製テストを行った．その時，通常は使用していない「卵，乳成分」が含まれている原料を使って試作した．試作後に行った清掃が，アレルゲンを除去するのに十分なものではなかった．また，清掃後に清掃し忘れや残渣が残っているかについての点検も行わなかった．その結果，翌日の生産開始時にアレルゲン混入事故（コンタミネーション）が発生したのである[2]．

製造現場責任者などは，製造ラインを用いた「製造テスト依頼書」の内容を確認して，どのようなアレルゲンが含まれているか確認するとともに，テスト依頼者に必要に応じアレルゲン混入リスクについて確認する．

また，製造現場責任者などはラインテスト時に立会い，交差汚染（原料や仕掛品が，飛散，落下することなどにより他の仕掛品に付着して製品が汚染されてしまうこと）の可能性について確認する．さらに，ラインテスト終了後の清掃に立会い，不備がないか点検して，不備があれば再清掃を指示することが必要である（5章5.10参照）．

2.5　食品会社が食物アレルギーに関して取り組むポイント

食物アレルギーの人とその家族の要望や事故例などを踏まえた上で，食品会社がアレルゲンに関して取り組むべきことを以下に列記する．

① 製品に含まれているアレルゲンを，正確にパッケージに表示する
② 食品製造現場において，アレルゲンが混入しないよう製造上の管理ルールを作り，運用していく（設備仕様の決定と人為ミス防止がポイント）
③ お客様からのアレルゲン関連の要望，意見，公的機関など社外からの情報収集を行

い，アレルゲン対策の維持向上に資する

④ 特別用途食品の一種で，病者用食品の1つであるアレルゲン除去食品の開発を行う

⑤ アレルゲン対応食品の開発を行う

⑥ 食品中のアレルゲンタンパク質の分解や構造を変化させるなどして，アレルゲンの低濃度化や無害化させた食品の開発を行う

⑦ 食物アレルギーを防いだり，緩和させる食品の開発を行う

本書では，これらの中でどの食品会社においても検討・実施すべきことを解説したい．つまり，上記①～③について次章以降で順次具体的に検討し，④～⑦については，他の研究に委ねたい．

■参考文献

1) 日本小児アレルギー学会；食物アレルギー経口負荷試験ガイドライン2009，株式会社協和企画（2009）
2) 赤城智美；「患者による表示の活用実態」，NPO法人アトピッ子地球の子ネットワーク講演資料（2006）
3) NPO法人アトピッ子地球の子ネットワーク；食物アレルギー危機管理情報（FAICM）HP（2015年5月確認）
4) 内閣府；府令第十号，「食品表示基準」（平成27年3月20日）三条2項
5) 消費者庁；消食表第139号消費者庁次長通知，食品表示基準について，別添アレルゲンを含む食品に関する表示の基準（平成27年3月30日）
6) （独立行政法人）環境再生保全機構；ぜん息予防のためのよくわかる食物アレルギーの基礎知識，2012年改訂版
7) 神奈川芳行，海老澤元宏，今村知明；食物アレルギー患者がアナフィラキシーを誘発した際の食品形態，販売形態，対処方法及び食品原材料名等の調査結果について，日本小児アレルギー学会誌，19(1), 78-86（2005）
8) 神奈川芳行，海老澤元宏，今村知明；食物アレルギー患者の家族における食品購買行動と食品の情報提供に関する実態調査結果について，日本小児アレルギー学会誌，19(1), 69-77（2005）
9) Yoshiyuki Kanagawa, Shinya Matsumoto, Soichi Koike and Tomoaki Imamura；Association analysis of food allergens. Pediatr Allergy Immunol, 20(4), 347-352（2009）
10) 奥山治美，小林哲幸，浜崎智仁；油脂とアレルギー，学会センター関西（1999）
11) 日本ハム（株）中央研究所；食物アレルギーねっとHP（2015年5月確認）
12) 外食・中食産業等食品表示適正化推進協議会；農林水産省補助事業，平成25年度食品バリューチェーン構築支援事業 加工食品製造・流通指針策定事業報告書（平成26年3月）
13) 「食品表示法」平成二十五年六月二十八日法律第七十号，最終改正：平成二六年六月一三日法律第六九号
14) 内閣府；府令第十号，「食品表示基準」三条1項（平成27年3月20日）
15) 消費者庁食品表示企画課；消食表第140号，食品表示基準Q&Aについて，C-3（平成27年3月30日）
16) NPO法人フードアレルギーパートナーシップ（FAP）；任意表示調査報告書（2011年7月28日）

3章 製品に含まれているアレルゲンを正しくパッケージに表示する方法

　食品会社が商品パッケージの食物アレルギー表示を正しく行うには，次のことがポイントである．
　① 食品表示制度を理解した上で，それに則り，社内の原材料表示やアレルギー表示に関するルールを決める．そのルール通り原材料表示やアレルギー表示を作成する
　② 原料（食品に使用される原材料と添加物とを合わせ「原料」と総称する）について調査を行い，アレルゲン混入リスクが低いものを選択する
　③ 製品に含まれているアレルゲンを複合原材料に含まれているもの，添加物のキャリーオーバーや加工助剤となるものも含め，漏れなく表示する

　本章は，まず食品表示基準に示されている原材料や添加物の表示制度，アレルギー表示制度の概要を説明する．その後，表示制度のルール通りにアレルギー表示を行うため，アレルゲン関連の原料リスクの確認方法およびアレルギー表示の具体的な方法を解説していきたい．

3.1　原材料表示および食物アレルギー表示制度の概要

　食品の表示には，これまで複数の法律に定めがあり，非常に複雑なものになっていた．そこで，食品衛生法，JAS法（旧：農林物質の規格化及び品質表示の適正化に関する法律）および健康増進法の3法の食品表示に関わる規定を一元化し，事業者にも消費者にもわかりやすい制度を目指した「食品表示法」が2015年4月1日から施行された．その下位法令である「食品表示基準」[1]は，先の3法の表示に関わる合計58基準を1つの基準に統合したものである（加工食品の場合，2020年3月まで経過措置期間）．原材料表示およびアレルギー表示制度について，食品表示基準，消費者庁の食品表示基準に関わる通知「別添アレルゲンを含む食品に関する表示」[2]および食品表示基準Q&A「別添アレルゲンを含む食品に関する表示」[3]（以下，食品表示基準，通知およびQ&Aと称す）を用いて概説する．なお，本章の法規に関わる説明部分においては，表示義務アレルゲンおよび表示推奨アレルゲンの表現を「特定原材料等」とした．

3.1.1 アレルギー表示の必要のある食品の範囲と表示義務がないもの

食品関連事業者，食品関連事業者以外の販売者（バザーなど，業としての食品販売でないもの）が，加工食品，添加物を販売する場合（業務用のものを含む），特定原材料が含まれていると，アレルギー表示が必要である．その表示対象は，容器包装された加工食品や添加物のほとんどすべてと考えた方がよい．ここではわかりやすいように，食品において，表示義務ではないものを以下に示した．

① 食品関連事業者等が,加工食品を設備を設けて飲食させる場合（食品表示基準第一条）
② 容器包装に入れられていない業務用加工食品以外の加工食品(食品表示基準第三条1項)
③ 特定原材料を含む加工食品を原材料とする加工食品または特定原材料に由来する又は含む添加物であるが，抗原性（食物アレルゲンとなりうる性質）が認められない場合（食品表示基準第三条2項，第三十二条2項）
④ 香料（食品表示基準第三条2項）
ただし，香料であっても添加物製剤となっており，それに含まれる副剤（主剤の効果の発揮を助けるもの）や食品素材に特定原材料が含まれている場合は，アレルギー表示は必要（Q&A，C-8，E-19）
⑤ 酒類（食品表示基準第五条），業務用酒類（食品表示基準第十一条）
⑥ 業務用加工食品を，容器包装に入れないで販売する場合（食品表示基準第十一条）
⑦ 生鮮食品（食品表示基準第十八条），業務用生鮮食品（食品表示基準第二十四条）
⑧ 業務用加工食品において，食品の容器包装ではなく，運搬容器（通い箱）と見なされる（タンクローリー，コンテナなど）の場合（ただし，送り状，納品書等への記載が必要）（Q&A，C-1）
店頭量り売りの加工食品について，持ち帰りの便宜のために，販売の都度，箱に入れたり包んだりする場合及び混雑時を見込んで当日販売数に限って包装してある場合は，単なる運搬容器とみなされ，表示の対象外（Q&A，C-1）

以上が，表示の必要性のないものとなっている．上記以外のものは食品流通のすべての段階において，特定原材料等が含まれる場合，表示が必要である．法的には表示の必要性のないものであっても，被害の重大性を考えると極力表示すべきである．

また，対面販売や量り売りの場合で，消費者から原材料等の質問を受けたときには，説明できることが求められる．

3.1.2 アレルギー表示の対象品目

現在，アレルギー表示対象品目は，27品目である．特に乳・卵・小麦・そば・落花生・

えび・かにの7品目を含む加工食品，添加物等に対しては，「特定原材料（表示義務アレルゲン）」として，それを含む旨の表示を義務付けている（食品表示基準三条2項）．また，あわび・いか・いくら・オレンジ・カシューナッツ・キウイ・牛肉・くるみ・ごま・さけ・さば・大豆・鶏肉・バナナ・豚肉・まつたけ・もも・やまいも・りんご・ゼラチンの20品目を含む加工食品，添加物等に対して，「特定原材料に準ずるもの（表示推奨アレルゲン）」として，それを含む旨の表示を推奨している（通知，第1）．

ここで，「含む」という表現は，原料会社からの情報，例えば原料会社より提出された原料規格書（原料品質についての契約書；詳細は本章3.3参照）などに「使用されている特定原材料等」として記載されていることを指しており，実際に含まれているか否かを分析等で確認することは要求されていない．

表示が必要な特定原材料などの対象品目の範囲はリスト化されているので，消費者庁の食品表示基準に関わる通知の別表1[3]で確認してほしい．

3.1.3 加工食品における原材料名の表示と原材料のアレルギー表示の方法

(1) 加工食品における原材料名の表示方法

加工食品におけるパッケージなどに表示する原材料名の表示は，一般的には原材料に占める重量割合の高いものから順に，その最も一般的な名称をもって表示する．含まれている添加物は，別途添加物欄に記載する．2種類以上の原材料からなる原材料（以下，**複合原材料**と称す）の場合の表示方法を示す．複合原材料とは，例えば「幕の内弁当」に「煮物」が入っている場合，単に「煮物」だけであれば，その内訳がないとのようなものが入っているかわからない．煮物は，里芋，人参，ごぼう，砂糖，調味料などを原料としているので，この「煮物」は複合原材料となる．複合原材料の場合，その複合原材料の次に（　）を付して，当該複合原材料の原材料（内訳原料）を当該原材料に占める重量割合の高いものから順に記載する（詳細は8章8.4.2参照）．

ただし，食品表示基準第三条1項但し書きにおいて，別表四の上欄に挙げられている**個別の品質表示基準**に該当する食品は，その品質表示基準が優先される．よって，その他の一般用加工食品とは原材料表示の方法が異なることがある．なお，個別の品質表示基準に該当する食品であっても，業務用加工食品の場合の表示方法は，個別の品質表示基準以外の一般用加工食品の品質表示基準と同じ表示方法となる（食品表示基準第十条1項）．

以下は，表示することが可能とされている内容である（食品表示基準三条1項）．

① 当該複合原材料の原材料が3種類以上ある場合にあっては，当該複合原材料の製品の原材料に占める割合の高い順が3位以下であって，かつ，当該割合が5％未満である原材料については，「その他」と表示することができる．

② 当該複合原材料の製品の原材料に占める割合が5％未満である場合又は複合原材

の名称からその原材料が明らかである場合には，当該複合原材料の原材料表示を省略することができる（詳細は 8 章 8.4.2 を参照）．

③ 単に混合しただけなど，原材料の性状に大きな変化がない複合原材料を使用する場合については，当該複合原材料の全ての原材料及びそれ以外の使用した原材料について，原材料に占める重量の割合の高いものから順に，その最も一般的な名称をもって表示することができる．

④ 同種の原材料を複数種類使用する場合については，原材料に占める重量の割合の高い順に表示した「野菜」，「食肉」，「魚介類」などの原材料の総称を表す一般的な名称の次に（ ）を付して，それぞれの原材料に占める割合の高いものから順に，その最も一般的な名称をもって表示することができる．

(2) 加工食品における原材料のアレルギー表示の方法

加工食品におけるアレルギー表示の方法は，原材料名の表示に加えて，その表示の欄内に含まれている特定原材料等を記載する．記載の方法は，原材料名の直後に（ ）を付して，「○○を含む」と表示する「個別表示」が原則である（一部「一括表示」が認められている（本章 3.1.9 に詳述））．食物アレルギーの人にとっては，個々の原材料の直後に（ ）書きする個別表示が，より詳細に情報を得られるので，原則として個別表示をすることとなったのである．2 つ以上の特定原材料から構成される原材料の場合は，「(○○・△△を含む)」など，「・」でつなぐ．特定原材料のうち「乳」アレルゲンを含む場合は，「乳成分を含む」と表示する．

なお，複合原料の内訳原料のように一部原料表示が省略可能とされているものについても，特定原材料等を含む場合は，アレルギー表示をすることが必要である．

3.1.4 加工食品における添加物の表示と添加物のアレルギー表示の方法

(1) 加工食品における添加物の表示方法

食品表示基準では，原材料名とは別に「添加物」の欄を別途設けることとなった．添加物については，添加物に占める重量割合の多いものから順に記載するのが基本である．ただし，食品表示基準別記様式一の「備考」によると，添加物については，事項欄を設けずに原材料欄に原材料名と明確に区分して表示することができるとされている．原材料と添加物を明確に区分するために，原材料名の記述の後に，「／」，「改行」等で区切った後に添加物名を記載することができる．

(2) 加工食品における添加物のアレルギー表示の方法

添加物が特定原材料等に由来する場合のアレルギー表示は，添加物名に続けて（〜由来）と表記するのが原則である．なお，「乳」アレルゲンを含む場合は「乳由来」と表示する．また，食品表示基準に関わる通知の別表 2 に細かく，添加物名ごとに表示例が記載されて

いるので，それらの添加物を食品に使用する場合，その例に従って原材料表記を記載するべきである．

特殊な例として，同じ添加物 A であるが，特定原材料等由来の添加物 A-①と特定原材料等由来でない添加物 A-②を併用して食品を製造する場合，表示としてはまとめて添加物 A として表示することになる．A-①の使用割合が微少の場合，表現としてその添加物が「〜由来」とするということがなじまないため，このような場合に限り，添加物であっても「〜を含む」と表示することも可能であるとされている（Q&A, E-1）．

用途名併記の場合には，物質名のあとに「：」で表示，また，特定原材料等が 2 つ以上になる場合には，特定原材料等の間を「・」でつないで表示する．用途名併記の場合の表示例は次の通りである．

① 添加物が 1 種類の特定原材料よりできている場合

　　用途名（物質名：〇〇由来）または用途名（物質名（〇〇由来））

② 添加物が 2 種類の特定原材料等よりできている場合

　　用途名（物質名：〇〇・△△由来）

加工食品において添加物を表示する場合のルールとして，加工助剤またはキャリーオーバー（2 章 2.1.2 参照）に該当すれば表示を省略することができるが，アレルギー表示は必要である．ただし，抗原性が認められないもの，および香料については表示をする必要がないとされている．

食品製造中に使用される酵素の場合，最終製品では酵素が失活している場合が多い．しかし，アレルゲンタンパク質としては高濃度に残存していることがある．酵素で，アレルギー表示の必要な可能性のあるのは，β-アミラーゼ（小麦・大豆由来の可能性あり），カルボキシペプチダーゼ（小麦由来の可能性あり），カルボヒドラーゼ（大豆由来の可能性あり），リゾチーム（卵由来の可能性あり）などである．

また，日本酵素協会食品部会が，酵素の各種使用例において，微生物酵素の生産に使用した培地に由来する特定原材料等の最終加工食品中での推定最大含量を試算した結果を示している[4]．その報告によると，酵素製造中に培地は除去されるのが一般的であるため，食品中に含まれる培地由来の特定原材料等はごく微量とされている．しかし，酵素製剤などに培地そのものが含まれる場合（そのようなことは少ないと思われるが）は，原料会社とよく相談して表示の必要性を検討すべきである．

添加物製剤には，副剤や賦形剤等の食品素材が含まれている場合がある．副剤はキャリーオーバーとなるため，添加物の表示が不要であるが，その添加物に特定原材料が含まれており，かつ当該特定原材料を含む原材料および添加物がほかになく，繰り返しになるアレルギー表示の省略（本章 3.1.7 参照）ができない場合，一括表示を行う．また同様に，添加物製剤中の食品素材は，原材料としての表示が不要であるが，その食品素材に特定原材料

が含まれており，かつ当該特定原材料を含む原材料および添加物がほかになく，繰り返しになるアレルギー表示の省略ができない場合，同様に一括表示を行う（本章3.1.9参照）．

3.1.5　添加物のアレルギー表示の方法

　食品関連事業者などが容器包装に入れられた添加物を販売する際のアレルギー表示の方法（食品表示基準第三十二条2項，3項）を簡単に示す．特定原材料に由来する添加物については，当該特定原材料などに由来する旨を，原則，添加物の物質名の直後に括弧を付して表示する．

　添加物製剤には，副剤や賦形剤等の食品素材が含まれている場合がある．添加物製剤に含まれる副剤や食品素材に特定原材料などが含まれている場合も，アレルギー表示は必要となる．原則，個別表示とし，主剤・副剤・食品素材に括弧を付して特定原材料等を表示する（Q&A, E-19）．

3.1.6　アレルギー表示の代替表記および拡大表記

　パッケージなどへの原材料名および添加物の表示（以下，原材料表示と称す）のスペースは限られている．そのため，食品表示基準では，原材料の表記内容から表記方法や言葉が違うが，特定原材料等と同一であるということが理解できる表記の場合は，アレルギー表示を省略できるとされている（代替表記）．例えば，「玉子」や「たまご」の表示をもって，「卵を含む」の表示を省略することができる（通知，第1）．

　また，特定原材料名または代替表記を含んでいるため，これらを用いた食品であることが理解できる表記の場合は，アレルギー表示を省略できるとされている（拡大表記）．この代替表記や拡大表記はリスト化されており，勝手な判断で表示することは許されないので，消費者庁通知の別表3[2)]で確認することが必要である．特に拡大表記については十分な検討が必要で，必要に応じて関係機関に問い合わせすることをお勧めする．

　そのほか，「卵白」「卵黄」は，特定原材料名を含んでいるが，「(卵を含む)」の記載が必要である（通知，別表3）．

3.1.7　アレルギー表示の繰り返し省略規定

　加工食品や添加物に対し，2種類以上の原材料または添加物を使用しているものであって，当該原材料または添加物に同一の特定原材料が含まれているものにあっては（代替表記も含む），そのうちのいずれかに特定原材料を含む旨または由来する旨を表示すれば，それ以外の原材料または添加物について，特定原材料を含む旨または由来する旨の表示を省略することができる（食品表示基準三条2項）．言うまでもないが，原材料名でアレルギー表示をすれば，添加物で改めて当該アレルギー表示をする必要はない（Q&A, E-4）．

3.1.8 抗原性が低い原材料等の場合のアレルギー表示の判断

　当該原材料または，添加物に含まれる特定原材料等が，科学的知見に基づき抗原性が低いと認められる場合は，取り扱いが異なる．現状では，該当する食品は明確になっていない．通知第1では，以下のように示されている．

　　「一般的にアレルゲンが含まれていても摂取可能といわれている食品がある．例えば，醤油の原材料に使用される小麦は，醤油を作る過程で小麦のタンパク質が分解されるため抗原性が低いといわれているが，現時点においては明確な科学的知見がないため特定原材料等の表示が必要である．このような食品について，今後，国として調査研究を行い，科学的知見が得られた場合には，食品が原材料として含まれる食品には，例えば，繰り返しになるアレルゲンの省略を不可とするなど，食物アレルギー患者の選択の判断に寄与する見直しを行うこととする．」

加工度の違いや製造ロットの差異などによって抗原性がどう変わるのか，十分な調査を望む．

　また，科学的知見が得られるまでの間の対応として，Q&A，E-5では，以下のように示されている．

　　「最終食品に同一の特定原材料等が複数含まれており，そのうち一般的にアレルゲンが含まれていても摂取可能といわれている食品（醤油の小麦と大豆，味噌の大豆，卵殻カルシウムの卵など）が含まれている場合であって，繰り返しになるアレルギー表示を省略する場合にあっては，以下のような表示をすることが望ましいです．
　① 一般的に摂取可能といわれている食品以外の同一の特定原材料等が含まれる原材料に，含む旨を表示する．
　② 一般的に摂取可能といわれている食品にアレルギー表示をする場合は，一括表示枠の接した箇所にその他の原材料にも同一の特定原材料等が含まれている旨を表示する．」

3.1.9 特定原材料等の一括表示

　アレルギー表示は個別表記が基本であるが，個別表示によりがたい場合や個別表示がなじまない場合などは，一括表示とすることが可能となる．一括表示をする場合は，特定原材料等そのものが原材料として表示されている場合や，代替表記などで表示されているものも含め，当該食品に含まれるすべての特定原材料等について，原材料欄の最後（原材料と添加物を事項欄を設けて区分している場合は，それぞれ原材料欄の最後と添加物欄の最後）に（　）書きで「（一部に○○・○○・…を含む）」と表示する（Q&A, E-7）．今までのアレルギー表示制度において，一括表示に表示されている特定原材料等が当該食品に含まれる特定原材料等のすべてと誤認して事故が起きた事例により，含まれているアレルゲ

ンすべてを表示することとした．

なお，個別表示にすることが困難な場合や個別表示がなじまない場合などの例示を，以下に示す（Q&A, E-6）．

① 個別表示よりも一括表示の方が文字数を減らせる場合であって，表示面積に限りがあり，一括表示でないと表示が困難な場合
② 食品の原材料に使用されている添加物に特定原材料等が含まれているが，最終食品においてはキャリーオーバーに該当し，当該添加物が表示されない場合
③ 同一の容器包装内に容器包装されていない食品を複数詰め合わせる場合であって，容器包装内で特定原材料等が含まれる食品と含まれていない食品が接触する可能性が高い場合
④ 弁当など裏面に表示がしてあると，表示を確認するのが困難であるとの食物アレルギー患者からの意見を踏まえ，裏面に表示があるために表示を確認することが困難な食品について，表面（おもてめん）に表示するため（ラベルを小さくするため）に表示量を減らしたい場合

基本的には，個別表示と一括表示は併用することはできない．ただし，業者間取引において，原材料を送り状等に表示する場合に限り，容器包装へのアレルギー表示は，原則，原材料に関わるものは一括表示，添加物に関わるものは個別表示をすることとなっている（Q&A, E-9）．

3.1.10　特定原材料等の個別表示と一括表示の例

原材料表示およびアレルギー表示の例について，表3.1，表3.2に示した．

表3.1は，アレルゲンの個別表示である．①-1では，原材料に含まれるアレルゲンをすべて表記した場合を示した．また，①-2では，原材料に含まれるアレルゲンをすべて表記した上で，添加物の事項欄を設けない場合を示した．①-1，①-2の方法は，実際の原材料表示の例としては多くないであろう．②-1では，①-1において，原材料などに含まれるアレルゲンの代替表記，繰り返し省略などを適用した場合である．②-2は，②-1の添加物の事項欄を設けない場合を示した．③-1，③-2は，最終食品に同一の特定原材料等が複数含まれており，そのうち一般的にアレルゲンが含まれていても摂取可能といわれている食品（醤油の小麦と大豆）が含まれている場合であって，繰り返しになるアレルギー表示を一部省略する場合の表示例である．一般的に，摂取可能といわれている食品以外の同一の特定原材料等が含まれる原材料に，含む旨を表示した．

また，一括表示の方法の例について表3.2に示す．一括表示の場合は，一括表示枠内に含まれているアレルゲンすべてを記載することとされている．この場合，アレルゲンの代替表記と繰り返し省略を適用できないので，「ごま油」の原材料名は，「ごま」を含んでい

表 3.1　原材料表示およびアレルギー表示の例（個別表示）

①-1　原材料に含まれるアレルゲンをすべて表記した場合

原材料名	食用植物油脂（なたね油、ごま油（ごまを含む））、ごま、砂糖、醸造酢、醤油（大豆・小麦を含む）、マヨネーズ（大豆・卵・小麦を含む）、たん白加水分解物（大豆を含む）、卵黄（卵を含む）、食塩、発酵調味料（大豆を含む）、酵母エキス（小麦を含む）
添加物	調味料（アミノ酸等）、増粘剤（キサンタンガム）、甘味料（ステビア）、香辛料抽出物（大豆由来）

①-2　原材料に含まれるアレルゲンをすべて表記で添加物の事項欄を設けない場合

原材料名	食用植物油脂（なたね油、ごま油（ごまを含む））、ごま、砂糖、醸造酢、醤油（大豆・小麦を含む）、マヨネーズ（大豆・卵・小麦を含む）、たん白加水分解物（大豆を含む）、卵黄（卵を含む）、食塩、発酵調味料（大豆を含む）、酵母エキス（小麦を含む）／調味料（アミノ酸等）、増粘剤（キサンタンガム）、甘味料（ステビア）、香辛料抽出物（大豆由来）

②-1　原材料に含まれるアレルゲンの代替表記・繰り返し省略等を適用した場合

原材料名	食用植物油脂（なたね油、ごま油）、ごま、砂糖、醸造酢、醤油（大豆・小麦を含む）、マヨネーズ（卵を含む）、たん白加水分解物、卵黄、食塩、発酵調味料、酵母エキス
添加物	調味料（アミノ酸等）、増粘剤（キサンタンガム）、甘味料（ステビア）、香辛料抽出物

②-2　原材料に含まれるアレルゲンの代替表記・繰り返し省略等を適用で添加物の事項欄を設けない場合

原材料名	食用植物油脂（なたね油、ごま油）、ごま、砂糖、醸造酢、醤油（大豆・小麦を含む）、マヨネーズ（卵を含む）、たん白加水分解物、卵黄、食塩、発酵調味料、酵母エキス／調味料（アミノ酸等）、増粘剤（キサンタンガム）、甘味料（ステビア）、香辛料抽出物

③-1　原材料に含まれるアレルゲンの代替表記・繰り返し省略＋例外適用＊を適用した場合

原材料名	食用植物油脂（なたね油、ごま油）、ごま、砂糖、醸造酢、醤油、マヨネーズ（大豆・卵・小麦を含む）、たん白加水分解物（大豆を含む）、卵黄、食塩、発酵調味料（大豆を含む）、酵母エキス（小麦を含む）
添加物	調味料（アミノ酸等）、増粘剤（キサンタンガム）、甘味料（ステビア）、香辛料抽出物（大豆由来）

③-2　原材料に含まれるアレルゲンの代替表記・繰り返し省略＋例外適用＊を適用で添加物の事項欄を設けない場合

原材料名	食用植物油脂（なたね油、ごま油）、ごま、砂糖、醸造酢、醤油、マヨネーズ（大豆・卵・小麦を含む）、たん白加水分解物（大豆を含む）、卵黄、食塩、発酵調味料（大豆を含む）、酵母エキス（小麦を含む）／調味料（アミノ酸等）、増粘剤（キサンタンガム）、甘味料（ステビア）、香辛料抽出物（大豆由来）

＊最終食品に同一の特定原材料等が複数含まれており，そのうち一般的にアレルゲンが含まれていても摂取可能といわれている食品．この場合，醤油の（小麦と大豆）が含まれている場合であって，繰り返しになるアレルギー表示を省略する場合の表示例である．マヨネーズおよび酵母エキスの（小麦を含む），マヨネーズ，たん白加水分解物および香辛料抽出物の（大豆を含む）は省略しないことが望ましい．

表 3.2　原材料表示およびアレルギー表示の例（一括表示）

①　原材料に含まれるアレルゲンの代替表記・繰り返し省略を適用した場合（一括表示）

原材料名	食用植物油脂（なたね油、ごま油）、ごま、砂糖、醸造酢、醤油、マヨネーズ、たん白加水分解物、卵黄、食塩、発酵調味料、酵母エキス（一部に小麦・卵・ごま・大豆を含む）
添加物	調味料（アミノ酸等）、増粘剤（キサンタンガム）、甘味料（ステビア）、香辛料抽出物

②　原材料に含まれるアレルゲンの代替表記・繰り返し省略を適用で添加物の事項欄を設けない場合（一括表示）

原材料名	食用植物油脂（なたね油、ごま油）、ごま、砂糖、醸造酢、醤油、マヨネーズ、たん白加水分解物、卵黄、食塩、発酵調味料、酵母エキス／調味料（アミノ酸等）、増粘剤（キサンタンガム）、甘味料（ステビア）、香辛料抽出物（一部に小麦・卵・ごま・大豆を含む）

個別表示の場合，「ごま油」→「ごま」を含んでいるので代替表記の拡大表記対象であるが，一括表示の場合は，一括表示枠内に含まれているアレルゲンすべてを記載することとされているので，改めて「ごま」を表示する必要がある．

るので代替表記の拡大表記対象であるが，改めて「ごま」を表示する必要がある．

個別表示では，どの原材料，添加物にアレルゲンが含まれているかある程度わかる．また，個別表示の場合，原材料表示の順番とアレルギー表示の個別表示によって，症状の軽いアレルギーの人が，購入したい食品に含まれるアレルゲン濃度を，ある程度予測が可能となる場合がある．しかしながら，一括表示の場合は，どの原料にアレルゲンが含まれているかわかりにくく，アレルギーの人の加工食品の購入をしにくくしている可能性がある．

3.1.11 製品中にアレルゲンが微量に含まれる場合の取り扱い

食物アレルギーの方は，ごく微量のアレルゲンによっても発症することがある．そのため，その含有量にかかわらず特定原材料等を含む旨の表示が必要である．ただし，最終製品における特定原材料等の総タンパク質量が数 μg/ml の濃度レベルまたは数 μg/g 含有レベルに満たない場合は，アレルギー症状を誘発する可能性が極めて低いため，表示を省略することができるとされている（Q&A, C-3）．

3.1.12 アレルゲンのコンタミネーションへの対応と注意喚起表示

食品を製造する際に，原材料としては使用していないにもかかわらず，アレルゲンが意図せずして最終加工食品に混入（コンタミネーション）してしまう場合がある．例えば，あるアレルゲン A を用いて食品 B を製造した製造ライン（機械・器具等）を用いて，次にアレルゲン A を使用しない別の食品 C を製造する場合，製造ラインを洗浄したにもかかわらず，そのアレルゲン A が混入してしまう場合などである．必ず混入するということであれば，食品 C はアレルゲン A を使用していると考え，アレルゲン A についてアレルギー表示が必要である．また，混入する場合があるかもしれないと考えられるときには，コンタミネーションへの対応が必要となる．

コンタミネーションの防止策としては，製造ラインを十分に洗浄する，アレルゲンを含まない食品から順に製造する，可能な限り専用器具を使用することなどである．そして，生産ラインにおいてどのような原材料を用いた食品を製造しているのか管理し，必要に応じて食物アレルギーの人に情報提供できる体制を整えることが必要である．これらについて具体的にどのように対応していくかについては，4～7章にて詳細に述べる．

コンタミネーション防止策の徹底を図ってもコンタミネーションの可能性を排除できない場合には，注意喚起表示によって注意を促す（通知，第1）．しかし，この場合「入っているかもしれません」「入っている場合があります」などの「可能性表示」は，たとえ原材料表示欄外であっても認められていない（Q&A, H-1）．

以下に，消費者庁の「アレルギー物質を含む加工食品の表示ハンドブック」に示されているコンタミネーションの事例[5]を参考に，注意喚起表示の考え方について示す．

〈事例 1〉

　落花生入りのチョコレートを製造した後，プレーンのチョコレートを製造した場合，油脂分の多いチョコレートは水でラインを洗浄せずにチョコレートで製造ラインを洗浄する（共洗い）．しかし完璧に落花生の残渣を除去することは難しく，ライン切替後も微量ではあるが，プレーンチョコレートに落花生の成分が混入する可能性が高い（時間とともにその混入は減少）．ただし，常に数 μg/g 以上含まれる場合には（そのようなことはないと思われるが），アレルギー表示を行うべきである．

　★　**注意喚起表示例**：「本製品の製造ラインでは，落花生を使用した製品も製造しています．」

〈事例 2〉

　米国のミシシッピー流域は大豆・とうもろこし・小麦などの大穀倉地帯で，その輸送には川が利用されている．穀物サイロ，はしけなどが共用されているため，とうもろこしには大豆や小麦が意図せずに混入してしまう．その結果，とうもろこしを使用してコーンフレークなどを製造した場合，前処理でいくつかの異物除去装置によって大豆や小麦を除去したとしても，完全に除去されている保証がない．なお，Q&A，G-5 によると，「穀類原材料中の意図しない特定原料の混入頻度と混入量が低く，その混入が原因で食物アレルギーが発症しているとの疑いの報告がほとんどされていないものについては，患者の食品選択の幅を過度に狭める結果になることから，注意喚起表示の必要はないものと考えています」とされている．

　★　**注意喚起表示例**：「とうもろこしの輸送設備等は大豆，小麦の輸送にも使用しています．」

〈事例 3〉

　アサリやハマグリなどの二枚貝には，小さいカクレガニが共生していることがある．このアサリやハマグリの身の中にカクレガニが入り込んでいるため，加工工程などで確実に除去することは困難であり，最終製品にそのまま混入することがある．

　★　**注意喚起表示例**：「本製品で使用しているアサリなどの二枚貝には，かにが共生していることがあります．」

〈事例 4〉

　魚のすり身などには，基原原料採取から製造までの様々な段階でえび・かにが混入することが考えられる．原材料中のえび，かにの混入頻度と混入量が低いものについては，食品選択の幅を過度に狭める結果となることから，注意喚起表示の必要はないとされている（Q&A，G-2）．しかしながら，えび・かにの混入頻度や混入量が多いと考えられる場合には，注意喚起表示を行う．一般的には，このような食品では混入頻度や混入率にばらつきがあることが確認されており，多くの原材料表示にえび，かにについての注意

喚起表示がなされている．

　★　**注意喚起表示例**：「本製品で使用している○○○は，えびを食べています．」

〈事例5〉

　しらすやちりめんじゃこのようないわしの稚魚は網を用いて捕獲されるが，その際にえび・かにが混獲されることがある．これらは加工工程で確実に除去することが困難であり，最終製品にそのまま混入することがある．このような場合は，えび・かにが個体として混入していることが多い．そのため，最終製品のアレルゲン含有量を算出した上で，注意喚起表示の必要性について検討することとなる．

　★　**注意喚起表示例**：「本製品で使用している○○○は，かにが混ざる漁法で捕獲しています．」

これらをまとめると，下記のようになる．
　① 必ず混入する場合には，通常のアレルギー表示を行う．
　② コンタミネーションの可能性を排除できない場合には，注意喚起表示を行う．
　③ ②の場合であっても，混入の頻度と量が少なく，混入が原因で食物アレルギーの発症例がほとんどない場合（10 μg/g 未満を指すと解釈されている）には，アレルギー注意喚起表示を行う必要がない．

3.2　原料取引に際しての考え方と前提条件

3.2.1　フードチェーンの構築

　食品会社がアレルギー表示をミスなく行っていくには，原料を直接購入している会社の原料（1次原料）のみならず，1次原料に含まれている原料や，さらにその原料（2次原料，3次原料）などについても，どのようなアレルゲンを含んでいるのか詳細な調査が必要である．この原料情報を正確に得るための前提条件は，「フードチェーン」と呼ばれる食品供給行程の体制を構築することである．フードチェーンの構築とは，食品をつかさどる基原原料から加工，販売，消費に至るまでの品質保証体制を確立することにある．まず，食品会社が直接取引している1次原料会社と品質保証の仕組みについて，問題ないことを相互確認する．また，同様に1次原料会社と2次原料会社，2次原料会社と3次原料会社など，農水産物・基原原料生産者まで相互確認をする．これらの「品質保証のきずな」が連なることで，基原原料から最終製品まで信頼のできる流れとなり，最終消費者に安全が担保された食品が提供できることになる．

　このように品質保証の仕組みの信頼がチェーンのように連なることで，基原原料から最終製品まで信頼のできる流れとなり，アレルギーの人を含めた最終消費者に安全が担保さ

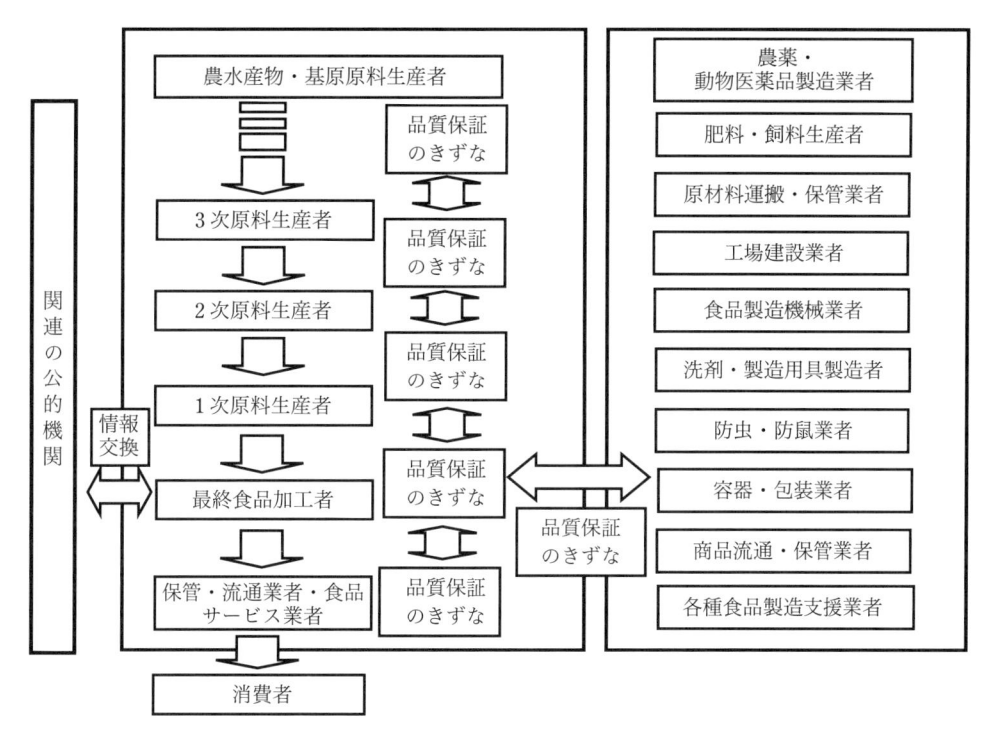

図 3.1 フードチェーン概念図
品質保証がチェーンのように連なることにより，基原原料から消費者まで信頼性が担保される．

れた食品が提供できるという考え方である．また，フードチェーンの構築には，原料だけでなく食品製造機械会社，防虫防鼠会社，原料や製品の流通保管会社などを含めた信頼関係構築が必要である．

フードチェーンの概念を図 3.1 に示した．

原料の取引相手は，原料製造会社（以下，原料会社）などの規模や知名度，原料のおいしさや価格，原料会社営業担当者の能力などの視点による判断だけではなく，品質保証の仕組みの完成度も併せて検討して判断すべきと考える．

3.2.2 原料購入先選択についての前提条件

「原料の品質情報をいかに的確に入手するか」は，食品の品質の死命を制すると言われている．なぜならば，食品は原料の選択によって最終製品の出来栄えが大きく左右されることが非常に多いからである．よって，「原料とその購入先をどのような方法で選択するか」は，各食品会社の重要なノウハウになっていることが多い．購入先は，品質，価格，供給の安定性，原料会社の信頼性など，いくつかのチェックを受けて決定されている．

本項では，あくまで「アレルゲン混入リスクを低減する」という視点で，サプライヤー（原料の購入に際し直接商取引する商社，原料会社など）の選択に際して考えなくてはならないことについて述べていきたい．

(1) 契約を取り交わすことが可能な会社と取引する

単一の未加工農水産物，例えばバナナ，あわび，サケ，牛肉の塊（トレーサビリティ有り）など，誰が見ても原料そのものであれば，それほど厳格に気を使わずに一般市場で購入してもよいかもしれない（産地や農薬，飼料など気になる面はあるが）．

しかし，加工された原料，例えばバナナジュース，乾燥あわび粉末，サケのそぼろ，牛肉ミンチなどを購入する場合は，専門の製造会社や専門商社など，その原料品質について責任を持つサプライヤー（契約書を取り交わすことが可能な会社）から購入することが重要である．その原料の品質について，問い合わせや確認が可能な会社と取引することにより，アレルゲン混入リスクを低減することが可能となるのである．

(2) 品質上のリスクに関して情報開示が可能な会社と取引する

食品会社にとってレシピや製造方法は極秘事項であり，そのすべてを公開するのは困難な場合が多い．しかし，アレルゲン混入リスクや異物混入の可能性など，品質上のリスクに関わることについて情報公開しないサプライヤーとは取引しない方がよい．アレルゲン関連のリスク情報としては，主に次のようなことである（詳細は次項 3.3 参照）．

① 当該原料に使用されているアレルゲンはどのようなものか
② 当該原料を製造しているラインに使用されているアレルゲンはどのようなものか
③ 当該原料に含まれる基原原料由来のアレルゲンのコンタミネーションの可能性はあるのか

これらの，お客様にとって重要な情報について公開しない会社は，食品会社との取引は難しいであろう．食品会社は，食品安全に関する情報を公開するサプライヤーとのみ取引するべきである．

3.3 原料採用段階のリスク確認と定期的なリスク確認

この節では，「原料購入先選択についての前提条件」を踏まえながら，原料採用時のリスク確認はどのように行っていけばよいか，原料を食品安全について担保しながら，長期にわたり使用できるシステムを構築するにはどうしたらよいか，について述べていく．

原料採用段階でのリスク低減のポイントは，以下の3つである．

① 「原料規格書（原料品質についての契約書）」をサプライヤーと取り交わす．この中で，原料の1次原料，2次原料，3次原料など起原原料に至るまで，その配合内容を確認することや，原料製造過程や起原原料由来のアレルゲン混入の可能性などについて，書面上で確認する．
② 原料会社製造ラインのリスク確認が必要と判断した場合，製造工程の品質上の監査（アセスメント）を行う．

③ アレルゲン混入リスクのある原料について，アレルゲンの検査を行う．

また，長期にわたり原料を使用する場合の品質上のリスク確認は，原料規格書などの定期的なリスク確認や情報交換，定期的なアセスメント，必要に応じた定期的な検査などを行っていく．

次項では，原料採用段階のリスク確認と定期的なリスク確認について，主に表示義務アレルゲン関連を中心に解説していきたい．

3.3.1 原料規格書の締結

原料についてサプライヤーと契約を結ぶことは，食品会社が原料取引を行う際の重要な業務の1つである．そして，取引に関する基本契約書とは別に，原料規格書をサプライヤーと締結することが一般的になっている．これによって，アレルゲン混入リスクを書面上で確認することができる．特に，新規取引となるサプライヤーや原料会社の場合は，契約時にアレルゲン管理（原料に含まれているアレルゲンを正確に原料パッケージに表示すること，および原料製造工程上のアレルゲン混入防止など，一連の食品会社のアレルゲンに関する管理を指す）を含めた品質保証の考え方に自社とのずれがないか，よくディスカッションすることが必要である．

表示義務アレルゲンや表示推奨アレルゲンについて，「どのようなアレルゲンが使用されているのか」「アレルゲン混入リスクはあるのか」を原料規格書の書面上で確認する．すでに，食品会社，流通関連会社などで，各種の原料規格書の書式が使われている．また，いくつかの食品会社などが集まって共通の原料規格書書式（8章8.3.2参照）を作成することによって，サプライヤーの負担軽減や記入ミス防止を図る動きもある．

自社の原料規格書書式がまだ定まっていない場合は，いくつかの食品会社や流通関連会

表3.3 原料規格書記載必要事項

① サプライヤーの社名，住所，担当者名，連絡先，社印又はそれに準ずるもの
② 原料製造会社の社名，住所，連絡先
③ 原料のパッケージに添付される原料名，添加物，原材料表示内容（アレルゲン表示含む），ロットの定義，賞味期間，取り扱い上の注意，保管条件等
④ 当該原料を使用するにあたり必要な品質規格値，分析法
⑤ 品質規格に適合していることを示す検査データの提出頻度
⑥ 包装形態，包材構成，荷姿，原料の写真（図でも可）
⑦ 安全性に関わる規格（SDS＊の添付義務，農薬，動物医薬品等に関する規格）
⑧ 原料内訳（一次原料〜三次原料等の内訳，添加物とその用途，基原原料，産地，遺伝子組換え食品（GMO），アレルゲン等）
⑨ 原料製造工程フロー図，HACCPのCCPに関する事項，アレルゲンのコンタミネーションの可能性に関する事項

＊ SDS（Safety Data Sheet）：有害性のおそれがある化学物質を含む製品を他の事業者に譲渡，または提供する際に，対象化学物質等の性状や取り扱いに関する情報を提供するための文書．

表 3.4 原料配合確認書（アレルゲン関連に絞って示した）例

商品名：オイシイチーズ味（粉末調味料）
社名： EFGH株式会社　　　　印
住所： 〒○○○-○○○○　さいたま市博多区西原 2-1-2

No.	配合原料				食品添加物			基原原料	アレルゲン	
	1次原料	原料配合	2次原料	3次原料	物質名	用途名	表示義務有無		特定原材料等	原料由来のコンタミネーションの可能性
1	チーズパウダー	69.0						牛乳	乳	
2			ナチュラルチーズ							
3			リン酸二ナトリウム		リン酸水素二ナトリウム	乳化剤	キャリーオーバー			
4			クエン酸三ナトリウム		クエン酸三ナトリウム	乳化剤	キャリーオーバー			
5	砂糖ミックス	21.0								
6			ブドウ糖					とうもろこし		
7				二酸化ケイ素	二酸化ケイ素	ろ過助剤	加工助剤	合成		
8			砂糖					てんさい		
9				二酸化ケイ素	二酸化ケイ素	ろ過助剤	加工助剤	合成		
10	乾燥キャベツ粉	6.0						キャベツ		
11			次亜塩素酸ナトリウム		次亜塩素酸ナトリウム	殺菌剤	加工助剤	合成		
12			亜硫酸ナトリウム		亜硫酸ナトリウム	漂白剤	キャリーオーバー	合成		
13	食塩	3.0						海水		
14			イオン交換樹脂		イオン交換樹脂	製造用材	加工助剤	合成		
15	イカ魚醤パウダー	1.0								
16			イカ					イカ	イカ	
17			塩					海水		
18			醤油							
19				脱脂大豆	大豆			大豆	大豆	
20				小麦				小麦	小麦	
21				塩				海水		
22			イオン交換樹脂		イオン交換樹脂	製造用材	加工助剤	合成		
23				アルコール				とうもろこし		
24				安息香酸	安息香酸	保存料	キャリーオーバー	合成		えび、かに等（混獲）

サプライヤーに依頼して，原料規格書の一部である「原料配合確認書」を作成してもらう．
配合原料の原料を1次原料，1次原料の原料を2次原料，さらに2次原料の原料を3次原料とした．
アレルゲンについては，表示義務アレルゲン7品目＋表示推奨アレルゲン20品目を具体的な品目名を記入してもらう．
1次原料，2次原料，3次原料，基原原料等において，原料由来のコンタミネーションの可能性がある場合は，その旨記入してもらう．

社指定の書式などを参考に，自社の原料規格書書式を作成する．そして，サプライヤーに原料規格書の作成を依頼して，最終的にはすべてのサプライヤーと原料規格書を取り交わすのである．表3.3に，原料規格書の品質に関わる記載必要事項を示した．

原料規格書記載必要事項のうち，アレルゲン関連で特に重要なのは，原料の内訳に関わる部分と，原料の製造工程上の内容確認である．原料の内訳に関わる部分では，1次原料，2次原料，3次原料などの原料の内訳と基原原料に関する記述，アレルゲンの基原原料由来からのコンタミネーションに関する内容を確認する．原料の内訳に関する記載の例を，表3.4に示した．

原料配合確認書の作成にあたって，サプライヤーに原料の1次原料から3次原料まで（場合によってはさらに遡って）の配合内訳について，調査してもらうことが必要である．原料会社が購入する原料については，直接原料会社が関わっていないことが多いので，その場合は2次原料会社，3次原料会社など，遡って原料配合内容を確認してもらうこととなる．特に添加物のキャリーオーバーや加工助剤となるものは，調査漏れになる可能性があるので，十分な調査が必要である．

また，サプライヤーは，基原原料および表示対象品目である27品目のアレルゲンを使用している場合は，その旨を別途記載する．表3.4の粉末調味料の例で示したように，イカ魚醬パウダーに含まれるイカ魚醬は，捕食や混獲による「えび，かにを含めた魚介類の混入」の可能性がある．このように，基原原料由来のコンタミネーションについても記載をすることとなっている．受け取った食品会社は，本件についてさらに原料会社と検討を重ねていくことが必要である．

また，原料規格書の中で，原料の加工工程中でアレルゲン混入リスクがあるか否かについて，書面上で確認することが必要である．アレルゲンの使用状況に関する確認についての例を，表3.5に示した．表3.5では，自社が採用しようとしている原料には卵しか使用されていないとすると，▲×食品工業（株）●工場の製造ラインでは，「乳」，「小麦」，「卵」が使用されているので，「乳」と「小麦」のコンタミネーションの可能性について原料会社に確認することが必要である．

表3.5 原料規格書工程図中の表示義務アレルゲン使用確認（例）

製造工程 No.	加工事業所	専用/兼用ライン区分	表示義務アレルゲンが当該ラインで使用されている場合，そのアレルゲンを記述	所在地
1～10	○○㈱△△工場	専用	卵	XX市▼区◎2-3-4
11～14	▲×食品工業㈱●工場	兼用	乳，小麦，卵	S県B市C町D1-20-1
15～18	××有限会社	兼用	該当なし	A県F郡G町H字K222

専用ライン：工場内では複数の製品を生産しているが，該当ラインは1つの製品のみ生産している．
兼用ライン：工場の1つ以上のラインで，複数の製品を生産している．

中小の食品会社にとっては,「原料規格書」を取り揃えていく業務は大変な労力のいるものである.しかし,アレルゲンに関する情報管理や原料由来の混入事故が発生した場合など,何かと頼りになるものなので,この業務を行っていただきたい.

3.3.2 原料会社の製造工程確認(アセスメント)の実施

サプライヤーおよび原料会社と品質保証の考え方についての意見交換や,原料規格書の内容を確認した結果,原料会社の製造ラインの詳細な確認が必要であると判断した場合,アセスメントを実施する.例えば,原料会社製造工程フロー図の確認や,表3.5のアレルゲンの使用状況の確認をした結果,▲×食品工業(株)●工場のアレルゲンのコンタミネーションの可能性について気になる点があった場合,アセスメントを実施する.アレルゲンに関する原料会社アセスメントの考え方は,以下の通りである.

① アレルゲン管理に関するマニュアルがあり,運用が適切に行われているか
② 建物,製造設備,製造機械器具などの仕様は,アレルゲン混入防止の配慮がされているか
③ 製造設備などにアレルゲンが残らないような清掃が適切に行われているか

それらの評価を行う上でのポイントを表3.6に示した.

また,アセスメント時に,原料会社の工場担当の方々とアレルゲン管理を含めた工場の品質保証の仕組みについて意見交換をすることも,アセスメント時の重要な確認ポイントと考える.アセスメントの方法については,農林水産省が主導している「フード・コミュニケーション・プロジェクト」に「工場監査の方法」についての提示がある[6].参加企業であれば,さらに詳細な内容を入手することが可能と思われるので,ここではアセスメント項目についての詳細な説明については割愛したい.

表3.6 アレルゲンに関する原料会社アセスメントのポイント

① アレルゲン管理に関するマニュアルがあるか.
② 新規原料採用時にアレルゲンの調査やアセスメントを実施しているか.
③ 原料や包材の納入時に,その名称,管理No.,原料試験検査成績表について,確認・照合をしているか.
④ 原料や仕掛品は,アレルゲンごとに保管・識別管理を行っているか.
⑤ 生産時に,原料,包材および仕掛品を当該生産品目に使用すべきものか否か確認するシステムがあるか.
⑥ 建物,製造設備,製造機械器具は,アレルゲンの混入の起こらないような配慮がされているか.
⑦ 原料や仕掛品の移し替え時に用いる用具,容器,計量匙,半製品袋などは,アレルゲンの混入しない仕組みとなっているか.
⑧ 製造環境および製造設備などの清掃方法として,エア吹き付けは避け,吸引による清掃を行うなど,他のライン等へのアレルゲンの飛散防止を考慮しているか.
⑨ 製造設備などは,清掃困難箇所がない構造となっているか.
⑩ 製造設備の清掃時にアレルゲンが残らない清掃を実施しているか.
⑪ 必要に応じ,製造設備の清掃後にアレルゲンが残っていない確認をとっているか.
⑫ 原料受入から製造,清掃に至るまでのアレルゲンに関する記録を残しているか.

アセスメントの評価シートがあり，それに準じてアセスメントを行えばうまくいくかといえば，そうとは限らない．アセスメントを行い，原料会社のアレルゲン管理についての不具合を的確に把握して改善をお願いするためには，食品の製造法や食品衛生に関する知識と経験が必要である．また，原料会社を説得するだけの交渉能力を持つ技術者が，アセスメントに同行する必要がある．社内で適任者がいない場合は，アレルゲンを含めたアセスメント技術を持っている外部の技術者に同行してもらい，アセスメント方法を学んでいくのが早道である．

中小の食品会社では，アセスメントの実施が困難な場合がある．そのようなリスクを少しでも回避するため，原料会社にアレルゲン管理について詳細なアンケートを実施するなど，何らかの形で原料会社のアレルゲン管理の情報を入手することをお勧めしたい．

しかしながら，アレルゲンが混入してしまう可能性が拭いきれない場合は，いくらコストがかかってもアセスメントを実施すべきである．アセスメントを実施しなかったことによるリスクは，そのまま自分の会社で背負うことになる．それにより問題が発生して公的機関に違反事例として公表され，自主回収などの憂き目にあい，高い授業料を払うことになるかもしれないことを併せて考える必要がある．特に海外で製造された複合原料の場合は，アレルギー表示に関する法規が異なるので，注意が必要である．

3.3.3　必要に応じてアレルゲン検査の実施

原料規格書の締結やアセスメントを行った上で，品質保証上アレルゲン検査をするべきと判断した場合，当該原料の検査を行う．この「品質保証上検査をするべきと判断」する，その判断基準は何であろうか？　食品会社が最低限行うべき原料の受入検査について，「何を検査するのか？」「検査項目は何なのか？」「どのような頻度で検査するのか？」について考えてみたい．

「何を検査するのか？」については，少なくとも下記について検討して判断すればよい．

① その原料を会社として多量に取り扱っており，製品に与える品質上の影響度が高い
② たとえ少量の取り扱いであったとしても，もし問題が発生した場合に大きな社会問題に発展する可能性がある
③ 不具合発生頻度の高いもの

アレルゲン混入事故が発生した場合は，重大な健康被害事故につながる可能性がある．原料由来のコンタミネーションリスクがあるものなどについて，アレルゲン検査を実施することは必要と思われる．

「検査項目は何なのか？」については，製品の出来栄えを大きく左右する原料品質特性や，食品衛生上のリスクとして確認しなければならない項目か否かという観点で判断すればよい．

アレルゲンの混入は，お客様の健康被害発生の可能性があるので，何らかの監視措置が必要である．よって，必要に応じた原料のアレルゲン検査は実施すべきと考える．最終製品に混入してはならないアレルゲンは，言うまでもなく「パッケージに表示していない表示義務アレルゲン」である．これは原料においても同じことが言える．原料のアレルゲン検査は，原料配合確認書に記載のない表示義務アレルゲンの分析を実施することがよいと思われる．例を挙げると，原料規格書に「小麦，卵，乳」を含む旨の記載があれば，「そば，落花生，甲殻類（えび，かに）」の分析を行うといった方法である．

「どのような頻度で検査するのか？」については，その原料の特性やロットの考え方で判断するべきである．例えば，日々納入されていて非常に重要な原料の場合は，すべての原料ロットについて検査を実施することもありうる．アレルゲンの場合は，少なくとも原料採用時に検査を行い，原料会社の原料配合確認書の内容と違いがないか確認するべきであろう．

以上のことをまとめると，原料アレルゲン検査は，「**アレルゲン混入リスクのある原料を，少なくとも採用時に，原料配合確認書に記載のない表示義務アレルゲンの分析を実施する**」，ということになる．

なお，魚醬や塩辛のような食品は，自己消化酵素によって甲殻類アレルゲンタンパク質の一部が分解している恐れがある．この場合，一般に用いられているELISA法では分析が困難である可能性もある．そのような場合は，確認試験を行うことが必要である．原料会社とよく話し合いを行い，分析方法について十分な検討が必要である．

中小の食品会社では，コスト上の問題などでアレルゲン混入リスクのある原料の分析が困難な場合がある．そのような場合，次のような情報を入手して，何らかの形で記録に残していくことが必要である．

① サプライヤーが当該原料のアレルゲン検査を行い，問題ないことを確認している
② 自社以外に取引している会社があり，アレルゲン検査結果を待ち，問題ないことを確認している

アレルゲン混入リスクが高いと考える場合は，いくらコストがかかったとしてもアセスメントやアレルゲン検査を実施するか，原料会社自体を変更することで対処したい．

アレルゲン調査結果の判断樹を図3.2に示した[7]．これは行政が食品会社に立ち入って，アレルゲン管理状況について立ち入り調査と製品を収去（行政が，検査する必要があると判断するときに食品工場や店舗などから食品等を無償で提供を受けること）して，アレルゲン検査を行った場合の指導の仕方について作成されている．この内容は，食品会社が原料規格書の確認，アセスメント，原料の検査を行った場合の判断の際に用いても，大きな問題はないと考えられる．また，食品会社が原料のアセスメントに行った場合に合わせて，判断樹の説明をいくぶん改変したものを図3.2の注釈に記載した．

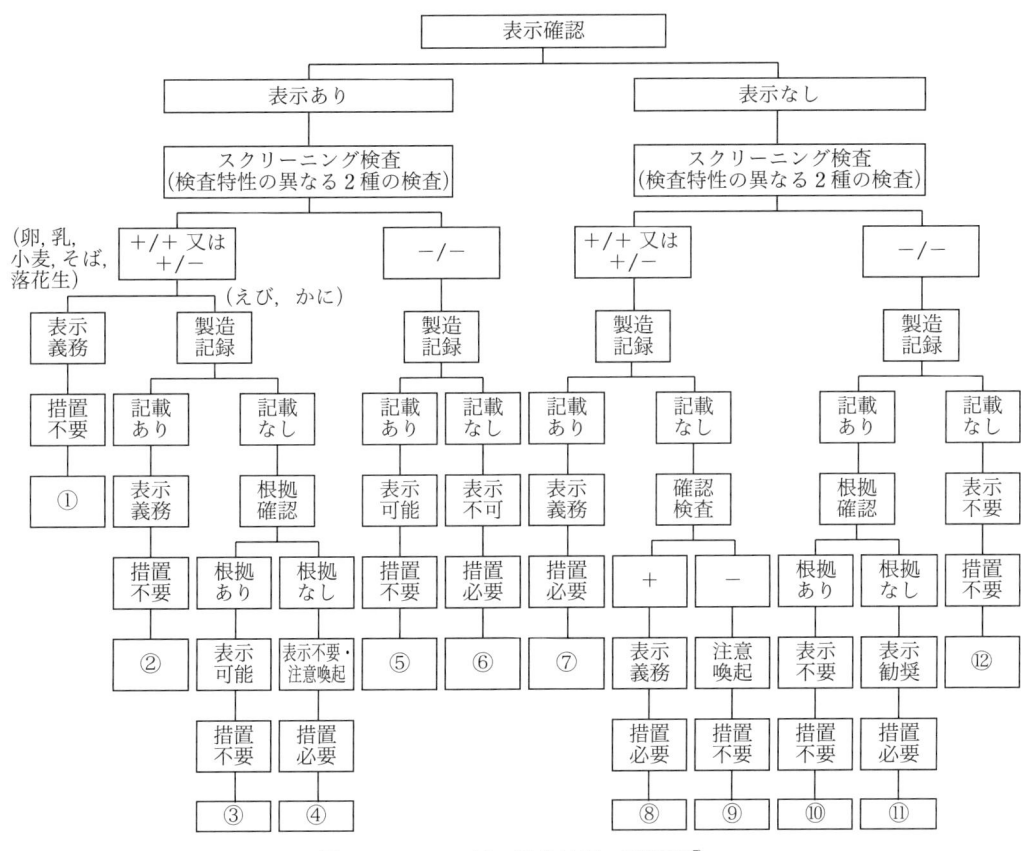

図3.2 アレルゲン調査結果の判断樹[7]

本判断樹は，行政措置の判断のためつくられたものであるが，食品会社が原料について調査した結果も同様な判断をしてよい．

全ての調査において，製造記録の確認を必ず行うことが重要なポイントである．

1. スクリーニング検査について
(1) スクリーニング検査はELISA法による定量検査法2種を用いて行う．
(2) スクリーニング検査で陽性とは，食品採取重量1g当たりの特定原材料由来のタンパク質含量が10μg以上のものをいう．
(3) えび及びかにのスクリーニング検査では，えびとかにが区別できないことを留意する必要がある．
2. 製造記録の確認について
(1) 「製造記録」とは，製造レシピ（配合表を含む），作業手順書，作業日報，検査成績書，ガントチャート（ライン毎の製造予定表），品質（成分）保証書，商品カルテ（成分情報を含む），特定原材料を含まない旨の証明書等をいう．
(2) 製造記録に記載があるにもかかわらず，表示がないものについては，その根拠を必ず確認する．また，製造記録に記載がないにもかかわらず，表示があるものについては，その根拠を必ず確認する．
(3) ここでいう「根拠」とは，検査結果又は製造記録からの推計内容をいう．
(4) 製造記録が不明なものは，「記載なし」と同様に扱う．
3. 確認検査について
(1) 卵，乳の確認検査は，ウェスタンブロット法が使用されている．
(2) 小麦，そば，落花生，えび，かにの確認検査は，PCR法が使用されている．

判断樹のなかで，「措置必要」と判断されたもののみ下記にその措置内容を記載した．

④特定原材料（えび，かに）の表示があり，2種の検査によるスクリーニング検査結果のうち少なくとも1つが「＋（プラス）」で，製造記録に特定原材料の記載がなく，表示した根拠がない場合
・製造記録の確認は必須とするよう依頼する．
・原材料欄の外に注意喚起をすることは可能である．

- えび及びかにのスクリーニング検査では，えびとかにが区別できないこと，えび及びかに以外の甲殻類の一部も検知することに留意する必要がある．
- 必要があれば確認検査を実施

⑥特定原材料の表示があり，2種の検査によるスクリーニング検査結果がどちらも「－（マイナス）」で，製造記録に特定原材料の記載がない場合
- 製造記録の確認は必須とするよう依頼する．
- 確認検査は不要である．
- 表示してはならず，表示を訂正してもらう．
- 製造記録に記載がないにもかかわらず，表示した根拠があれば，今後，その根拠を製造記録に記載するように指導する．

⑦特定原材料の表示がなく，2種の検査によるスクリーニング検査のうち少なくともどちらか1つが「＋（プラス）」で，製造記録に特定原材料の記載がある場合
- 製造記録の確認は必須とするよう依頼する．
- 確認検査は不要である．
- 表示は必要であり，表示を訂正してもらう．
- えび及びかにの監視におけるスクリーニング検査では，えびとかにが区別できないこと，えび及びかに以外の甲殻類の一部も検知することに留意する必要がある．

⑧特定原材料の表示がなく，2種の検査によるスクリーニング検査結果のうち少なくともどちらか1つが「＋（プラス）」で，製造記録に特定原材料の記載がなく，確認検査結果が「＋（プラス）」の場合
- 製造記録の確認は必須とするよう依頼する．
- 確認検査は必須であり，実施する．
- 確認検査結果によって偽陽性でないことを確認しており，表示が必要であり，表示を訂正してもらう．
- 通常，原材料として扱われないものによるコンタミネーションが考えられる場合，欄外記載による注意喚起が望ましい．
- えび及びかにのスクリーニング検査では，えびとかにが区別できないこと，えび及びかに以外の甲殻類の一部も検知することに留意する必要がある．

⑪特定原材料の表示がなく，2種の検査によるスクリーニング検査結果のどちらも「－（マイナス）」で，製造記録に特定原材料の記載があり，表示しなかった根拠がない場合
- 製造記録の確認は必須とするよう依頼する．
- 確認検査は不要である．
- 製造記録に記載があるにもかかわらず，表示しなかった根拠の確認が必要．
- 表示することが望ましい．スクリーニング検査結果でどちらも「－（マイナス）」であるため，表示を訂正させることはしないが，表示を勧奨する．
- しかし，製造記録に特定原材料の記載があるにもかかわらず，表示しなかった根拠については製造記録等へ必ず記載するように依頼する．なお，スクリーニング検査の検査結果をもって表示しない根拠とする場合でも，自主的な検査結果は根拠として認めるが，検査における結果だけでは表示をしない根拠として認めがたい．

　この判断樹の中で，原料のELISA分析を行った結果，原料規格書に表示のないものに陽性の判定が出た場合（判断樹：⑦，⑧）の対処法について，ある程度事前に検討しておいた方がよい．表3.7に，原因として考えられることと具体的な対処例を示した．

　自社とサプライヤーおよび原料会社との間で，品質保証の仕組みについて双方が理解し合い，双方の仕組みについて問題ないことを確認したはずなので，なぜ検出したのか，原因をしっかり究明する必要がある．原因としては，原料規格書のアレルゲン記載漏れ，何らかの原因によるコンタミネーション，偽陽性などが考えられる．大抵の場合は当該商品の発売期日が迫っているので，同時並行でいくつかの確認が必要となることが多い．原因の特定に時間がかかる場合は，原料の変更や発売延期を検討する必要がある．

表 3.7 原料規格書に記載のないアレルゲン検出の場合の対処例

原　因	確認事項
原料規格書のアレルゲン記載漏れ	原料会社に記載漏れがないか問い合わせ
何らかの原因によるコンタミネーション	アセスメントの実施 原料会社の製造記録を確認して，別ラインからのコンタミネーションの可能性調査 当該原料生産前の製造記録の確認
	原料会社による別ロットの分析結果提示依頼 分析していなければ別ロットサンプルを取り寄せて分析
偽陽性	検査キット会社の偽陽性リストの確認 自社の偽陽性リストの確認 確認検査の実施

3.3.4 原料の定期的なリスク確認

原料を長期にわたり使用する場合，原料規格書などの定期的な更新や確認をしていくことにより，リスク確認を行う．その具体的な内容は，以下の通りである．

① 少なくとも年1回は，サプライヤーに原料規格書記載事項に変更がないか確認をするよう依頼する
② 食品関連法規が改定された場合は，必要に応じサプライヤーに原料規格書の改定を依頼する
③ 原料規格書記載内容に変更があった場合は，サプライヤーに対して，原料規格書の改定をするよう依頼する
④ 原料会社に対して，定期的なアセスメントを実施する
⑤ 原料の定期的なアレルゲン検査を実施する

これらの仕組みによって，原料が長期にわたり安全に使用することができると考える．

上記②のような，食品関連法規が改定された場合は，それに応じた原料規格書やパッケージの改版について確認・対処するが，その1つの例を示す．消費者庁2013年9月20日通知により，特定原材料に準ずるものとして，新たにカシューナッツとごまの2品目を追加することが定められた[8]．この法規改正による，食品会社が対処すべき内容を以下に記す．なお，それを担当するのは，品質保証部門などアレルゲンを管理していく部署（以下，アレルゲン管理部署と称す）である．

① アレルゲン管理部署は，商品開発担当者へ新規発売予定製品や既存製品に含まれるカシューナッツやごま含有原料について確認・調査を依頼する．商品開発担当者は，自分の担当商品の原料についてサプライヤーへ調査依頼をするとともに，社内の原料データベースより既存製品にカシューナッツとごまが含まれている原料があるか確認を行う（データベースがなければ，すべての原料規格書を1つ1つ確認す

る)．

② アレルゲン管理部署は，商品開発担当者が行った確認・調査結果に基づき，カシューナッツ，ごま含有製品において，パッケージの原材料表示改版の必要性を確認する．カシューナッツ，ごまを含む原料名を原材料表示している場合，パッケージ改版は不要である．しかし，カシューナッツ，ごまを含有しているが，カシューナッツ，ごまの表示がない場合，パッケージ改版が必要である．例えば，複合原材料の原料で「省略できる」に該当，添加物のキャリーオーバーに該当するなど，表示しなくてよい範疇であったものは要注意である．

③ アレルゲン管理部署は，外部との情報交換をするお客様相談センター，広報部門，商品企画部門，営業部門などに，カシューナッツ，ごま含有製品リストを配付して，お客様などからの問い合わせに対処する．

④ パッケージの原材料表示改版の必要性があるとされた商品は，パッケージの改版を行う．また，商品開発担当者やアレルゲン管理部署は，社内原料規格書情報，製品規格書（製品の特性，出荷判定基準，原料配合など，製造に関する指示書）情報，お客様への商品情報などの改定を行う．

これらの手順により，漏れのない対処ができる．

3.4　原材料表示とアレルギー表示の作成例

　埼玉県が 2010 年に実施した食品表示に関するアンケートによると，「食品表示についてどの程度信頼しているか」という問いに 79.5% が「信頼している」と回答しており，17.3% が「信頼していない」と回答している[9]．完璧な信頼とはいかないが，概ね食品表示に関する消費者の信頼性は回復しつつあると考えてよいと思われる．

　しかし一方で，食品の自主回収の件数に占める「アレルギー表示間違いの件数」の多さ（1 章 1.2 参照）から考えると，「正確なアレルギー表示」を行っていく方法を見い出していくことが必要と考える．

　食品会社がパッケージのアレルギー表示を含めた原材料表示を行う方法について，以下に例示する．

① サプライヤーより原料配合確認書（3.3.1 表 3.4 参照）を「電子情報」としてもらい，その内容に不備がないという確認がとれた時点で，コンピューター上で配合割合に合わせ，原料配合確認書の電子データを重ね合わせていけば，転記することなく自動的にパッケージの原材料表示案を作成することができる方法（詳細は 8 章参照）

② サプライヤーより原料配合確認書について書類情報としてもらい，社内の原材料表示作成システムにデータ投入を行っていき，パッケージの原材料表示案を作成する

方法

③ サプライヤーより原料配合確認書について書類情報としてもらい，手書きの書類に記載を行っていき，パッケージの原材料表示案を作成する方法

①の場合は，配合割合に合わせて，サプライヤーから受け取る原料配合確認書記載のデータを重ねていけば，転記ミスをせずに使用原材料の一覧表ができる．この方法だと原材料表示，アレルゲン表示の漏れは起こりにくい．それでも表示の手直しの途中過程で思わぬミスも生じる可能性もある．②や③の場合は，人の手によって転記をすることが必要なので，原材料表示の順番の間違いや抜け，漏れが発生する可能性が十分にある．点検システムを確立して，ミスのない表示ができるようにする必要がある．どちらにせよ，表示ミスのないように，点検の視点を変えたダブルチェックやトリプルチェックなどを実施する必要がある．次に，商品パッケージの原材料表示作成時のアレルゲン表示漏れ対策について，検討していきたい．

3.4.1　原材料表示とアレルギー表示の作成手順

一般的には，商品開発担当者などの原材料表示作成担当者が，アレルギー表示を含めた原材料表示を作成していく．その内容を点検する者は，原材料表示作成担当者の上司，品質保証担当者，商品企画担当者，お客様相談センター担当者などが携わることが多い．視点を変えた点検を行い，ミスのない表示とすることが肝要である．また，前述したが事前にアレルギー表示を含めた原材料表示作成方法について，会社全体のルール決めが必要である．

下記に，一般用加工食品（業務用加工食品を除く容器包装に入れられた加工食品）の原材料表示作成の大まかな流れと，検討すべき事項を記す．

① 商品開発担当者などは，新規発売商品やリニューアル発売商品（以下，新商品と称す）の原料配合を決定後，サプライヤーに原料規格書提出の依頼をする．

② 当該新商品が，一般用加工食品の中で個別の品質表示基準に該当するのか，それ以外の一般用加工食品に該当するのか，確認する．併せて，地方公共団体の条例（東京都や京都府の条例など）に該当する食品か確認する．

③ 当該新商品に使用するすべての原料規格書の内容を点検して，当該商品に適合する品質範囲となっているか，必要事項が記入されているか，などの審査を行う．アレルギー表示関係では，原料配合確認書の2次原料，3次原料や添加物のキャリーオーバー，加工助剤などに含まれるアレルゲンについて，漏れのない記載となっているか確認することが必要である．

④ 当該新商品の原料配合割合に合わせ，一般的には原材料に占める重量割合の多い順に原料規格書の原料配合確認書部分をそれぞれ統合していき，一覧表にしてい

く（配合統合表）．ただし，個別の品質表示基準に該当する食品の場合は，当該法規に準じた統合の仕方となる．

⑤ 配合統合表に基づき一覧表となった内容について，表示方法の検討資料（原材料表示検討資料）を作成して，検討を行う．

   a. 原料規格書内容を点検して，各構成原材料や添加物の名称が，原料規格書の表現でよいか否か検討する．なお，社内で事前にこれらの用語の統一化を図ることをお勧めする．

   b. 添加物を抽出して，表示すべきもの，キャリーオーバーや加工助剤とすべきものを確認する．添加物の表示方法（表示すべきか否か，表示方法として用途名併記，一括名表示など）を検討する．

   c. 複合原材料について，内訳を記述すべきもの（製品に占める重量割合5％以上など）を抽出して，表示方法（表示するか否かを含め）を検討する．

   d. アレルギー表示について検討する．例えば，基原原料由来のアレルゲンのコンタミネーションや，ごく微量に含まれるアレルゲンなどについて，表示の必要性の検討を行う．

   e. これらの検討結果をすべて原材料表示検討資料に記録して，原材料表示点検者への資料とする．

⑥ 上記の検討結果に基づき，原材料表示を作成していく．アレルギー表示については，まず省略がない状態で作成してみる．

⑦ 必要に応じて，お客様にわかりやすい表示に手直しして，原材料表示を完成させる（入稿前の原材料表示案）．アレルギー表示に関しては，代替表記，拡大表記，繰り返し省略を考慮して，アレルギー表示を修正する．

⑧ 原料規格書を統合したときの原材料表示やアレルゲンの記載事項と，最終決定した原材料表示案に記載されたアレルギー表示の内容や数が合っているかなどの確認を，複数の担当者で行う．

⑨ 最終的に出来上がった原材料表示を含めたパッケージ案を，包材会社や印刷会社などに依頼して作成してもらう．出来上がった包材の原材料表示を最終確認して，アレルギー表示を含めた原材料表示が完成する（ラベルにて作成を行う場合も同様な措置を行う）．

⑩ その他のアレルギー表示関係の検討事項として，注意喚起表示がある．製造ライン，製造機械，製造方法，生産終了後の清掃方法などを確認して，使用していない表示義務アレルゲンなどの混入リスクがある場合は，注意喚起表示をすることが必要である．

3.4.2　原材料表示およびアレルギー表示の実際の作成例

　原材料表示作成（アレルギー表示を含む）の手順について，商品名：「スーパー〇〇冷凍ポテトコロッケ」を用いて解説していきたい．なお，この作成手順は，消費者庁の「アレルギー物質を含む加工食品の表示ハンドブック」に示されている「冷凍コロッケ」[5]の配合などを参考にした上で，作成した．

　「スーパー〇〇冷凍ポテトコロッケ」は，個別の品質表示基準に記載されている「調理冷凍食品」（以下，当該品質表示基準と称す）に該当する[1]．その「義務表示事項」は，冷凍コロッケにおいては，名称，原材料名，添加物，内容量，賞味期限，保存方法，製造業者などの氏名または名称および住所，加熱の必要性の有無，凍結させる直前に加熱されたかの有無，衣の率，食用油脂で揚げた後の凍結の有無，使用方法である．加えて輸入品にあっては原産国を表示する．ただし，衣の率については冷凍コロッケの場合，30％（食用油脂で揚げたものにあっては40％）以下である場合は，表示しなくてもよいこととなっている．当該品質表示基準の原材料表示に関する概要を下記に示した（詳細は，食品表示基準別表四および別表十九参照）．

　① 加熱調理用の食用油脂は，別途表示する．
　② 衣以外の原材料は，一般的な名称をもって，原材料に占める重量の多いものから順に記載する．
　③ 衣以外の原材料にて使用した食肉，魚肉または野菜が2種類以上の原材料で構成されている場合は，「食肉」，「魚肉」または「野菜」の文字の次に，括弧を付してそれぞれ「牛肉，豚肉」「たら，かに」，「とうもろこし，グリンピース」などと重量の割合が多いものから順に記載する．ただし，砂糖類にあっては「砂糖類」または「糖類」と，香辛料にあっては「香辛料」と表示することができる．
　④ 使用した衣の原材料は，「衣」の文字の次に括弧を付して，一般的な名称をもって，原材料に占める重量の割合の多いものから順に記載する．
　⑤ 加熱調理用の食用油脂は，「揚げ油」の文字の次に括弧を付して，一般的な名称をもって，配合された重量の割合の多いものから順に記載する．
　⑥ 使用した添加物を「添加物欄」に，添加物に占める重量割合の高いものから順に表示する．

　上記の内容から，添加物以外の原材料表示は，衣以外の配合と衣の配合に区分けする必要がある．また，加熱調理用の食用油脂（当該冷凍コロッケの場合は，油ちょう用の油）は別途表示することとなっている．しかし，その別途表示の具体的な記載順について，当該品質表示基準には明記されていない．そこで冷凍食品業界においては，冷凍コロッケに含まれる加熱調理用の食用油脂が，衣以外の原材料や衣より重量割合が少ない場合は，原材料の最後に表示しているようである．

また,「スーパー○○冷凍ポテトコロッケ」は,東京都消費生活条例第16条1項に基づく調理冷凍食品品質表示実施要領(以下,東京都条例と称す)に該当する[10]. 東京都条例では,調理冷凍食品の原材料の重量に占める上位3位まで,かつ5%以上のもので,生鮮食品などの原料原産地表示が義務付けられているものは,「原料原産地表示」の必要がある. さらに,東京都条例では,調理冷凍食品の商品名または名称に原材料の一部の名称を付している場合は,「配合割合表示」が必要である. ただし,これには例外規定があり,「スーパー○○冷凍ポテトコロッケ」の場合,食品表示基準の個別の品質表示基準の範疇であるので,配合割合表示の必要がない.

これらを考慮に入れて,「スーパー○○冷凍ポテトコロッケ」の原材料表示を,当該品質表示基準および東京都条例に準じて,以下に作成してみる.

ⅰ) 原料配合表の作成

商品開発担当者などは,新商品の原料配合を決定する.「スーパー○○冷凍ポテトコロッケ」の配合を表3.8に示した. 実際には,この配合ではうまくコロッケが調製で

表3.8 商品名:「スーパー○○冷凍ポテトコロッケ」の原料配合表

No.	配合	原料配合	衣以外	衣	加熱調理用の食用油脂
1	馬鈴薯(北海道産,遺伝子組換えでない)	35.0	35.0		
2	パン粉	18.4		18.4	
3	キャノーラ油	9.0			9.0
4	牛肉	9.0	9.0		
5	たまねぎ	8.5	8.5		
6	小麦粉	4.0		4.0	
7	砂糖	3.0	3.0		
8	鶏ミンチ	2.4	2.4		
9	小麦粉	2.0	2.0		
10	みりん	1.6	1.6		
11	しょうゆ	1.5	1.5		
12	粒状植物性たんぱく	1.2	1.2		
13	マーガリン	1.0	1.0		
14	キャノーラ硬化油	0.8		0.8	
15	コーンスターチ	0.7		0.7	
16	脱脂粉乳	0.6	0.6		
17	牛脂	0.5	0.5		
18	食塩	0.3	0.3		
19	粉状植物たんぱく	0.3		0.3	
20	L-グルタミン酸ナトリウム	0.1	0.1		
21	白こしょう	0.1	0.1		
	小　計	100.0	66.8	24.2	9.0

きないかもしれないが，便宜上この配合とした．

ii）原料規格書の作成依頼

商品開発担当者などは，新商品の原料の購入先サプライヤーに原料規格書作成を依頼，その原料要求品質について交渉する．また，原料規格書内容に漏れがないか確認していく．原材料表示に用いる原料規格書配合確認書の一例を，表3.9に示した．

iii）原料配合統合書の作成

当該品質表示基準に合わせ，原料規格書の配合確認書部分をそれぞれ配合割合順に統合していき，一覧表にしていく．冷凍コロッケの場合は，衣以外，衣および加熱調理用の食用油脂に区分けした後に，配合割合順に統合する必要がある．衣以外の原料配合統合表の例を表3.10-1に，衣および加熱調理用の食用油脂の原料配合統合表例を表3.10-2に示した．

また，当該品質表示基準では，衣以外に使用した「野菜」，「食肉」が2種類以上ある場合は，「野菜」，「食肉」の文字の次に，括弧を付してそれぞれ「馬鈴薯，たまねぎ」，「牛肉，豚肉」と原材料に占める割合の多いものから順に記載することが必要である（表3.11）．ITシステムにて統合した場合は必要ないと思われるが，手書きに近い方法で統合した場合は，すべての原材料を合わせた原料配合統合表も作成して，原材料の数などにミスがないか確認することも必要である．

当該の品質表示基準に基づく冷凍コロッケの衣の率は，食用油脂で揚げたもので40％を超えるものは，その比率を表示しなければならない．「スーパー〇〇冷凍ポテトコロッケ」については，衣の比率は40％以下であったので，表示が必要のない範疇となった．

iv）原材料表示検討資料の作成

配合統合表に基づき，原材料表示検討資料を作成して当該品質表示基準に合わせた検討を行う．その例を表3.12に示す．この検討資料を，商品開発担当者の上司，品質保証担当者，商品企画担当者，お客様相談センター担当者など原材料表示を点検する者に示して，表示検討内容が適正か否かについて判断を仰ぐ．

1）各原料の原材料表示の表現の検討

　馬鈴薯：ひらがなで「ばれいしょ」とした

東京都条例では，調理冷凍食品の原材料の重量に占める上位3位まで，かつ5％以上の生鮮食品などの原料原産地表示が義務付けられているものは，「原料原産地表示」の必要がある．原材料の重量に占める上位3位までの原材料は，馬鈴薯，パン粉，キャノーラ油である．この中で，原料原産地表示が義務付けられているものは，馬鈴薯である．一括表示欄に「原料原産地表示」の欄を別途設けて表示する．東京都条例の配合割合表示については表示義務対象外なので，表示しないこととした．「遺伝子組み換

3章 製品に含まれているアレルゲンを正しくパッケージに表示する方法

表3.9 原料配合確認書（パン粉）

商品名：パン粉
社名： ABCD 株式会社　　印
住所： 〒〇〇〇-〇〇〇〇　東京都中区祇園2-1-2

No.	配合原料 1次原料	原料配合	2次原料	3次原料	添加物 物質名	用途名	表示義務有無	基原原料	アレルゲン 特定原材料等	原料由来のコンタミネーションの可能性
1	小麦粉	83.0						小麦	小麦	
2	砂糖	5.4						甜菜		
3			二酸化ケイ素		二酸化ケイ素	ろ過助剤	加工助剤			
4	コーンファイバー	4.4						とうもろこし		
5	ショートニング	2.7								
6			パーム油					パームやし		
7			キャノーラ油					なたね		
8			豚油					豚	豚肉	
9			牛油					牛	牛肉	
10			グリセリン脂肪酸エステル		グリセリン脂肪酸エステル	乳化剤	キャリーオーバー	大豆	大豆（蒸留）	
11			ミックストコフェロール		ミックストコフェロール	酸化防止剤	キャリーオーバー	大豆	大豆（蒸留）	
12	食塩	1.8						海水		
13			イオン交換樹脂		イオン交換樹脂	製造用材	加工助剤	合成		
14	イースト	1.8						微生物		
15			モラセス（培地）					廃蜜（甜菜）		
16	ブドウ糖	0.6						とうもろこし		
17			二酸化ケイ素		二酸化ケイ素	ろ過助剤	加工助剤	鉱物		
18	イーストフード	0.2								
19			小麦デキストリン					小麦	小麦	
20			塩化アンモニウム		塩化アンモニウム	イーストフード	表示義務	合成		
21			乳酸カルシウム		乳酸カルシウム	イーストフード	表示義務	合成		
22	トウガラシ色素製剤	0.1								
23			ショ糖脂肪酸エステル		ショ糖脂肪酸エステル	乳化剤	キャリーオーバー	合成		
24			トウガラシ色素		トウガラシ色素	着色料	キャリーオーバー	トウガラシ		
25			キャノーラ油					なたね		
26										

サプライヤーに依頼して、原料規格書の一部である「原料配合確認書」を作成してもらう。
配合原料の原料を1次原料、1次原料の原料を2次原料、さらに2次原料の原料を3次原料とした。
アレルゲンについては、表示義務アレルゲン7品目＋表示推奨アレルゲン20品目を具体的な品目名を記入してもらう。
1次原料、2次原料、3次原料、基原原料等において、原料由来のコンタミネーションの可能性がある場合は、その旨記入してもらう。

3.4　原材料表示とアレルギー表示の作成例

表3.10-1　商品名：「スーパー〇〇冷凍ポテトコロッケ」原料配合統合書（衣以外）

No.	配合	原料配合	配合原料 1次原料	2次原料	3次原料	添加物 物質名	用途名	表示義務有無	基原原料	特定原材料等	アレルゲン
1	馬鈴薯（北海道）	35.0							馬鈴薯		原料由来のコンタミネーションの可能性
2	牛肉	9.0							牛肉	牛肉	
3	たまねぎ	8.5							たまねぎ		
4	砂糖	3.0							甜菜		
5			水酸化カルシウム			水酸化カルシウム	製造用剤	加工助剤	合成		
6			イオン交換樹脂			イオン交換樹脂	製造用剤	加工助剤	合成		
7			二酸化ケイ素			二酸化ケイ素	ろ過助剤	加工助剤	鉱物		
8	鶏ミンチ	2.4							鶏肉	鶏肉	卵アレルゲン混入
9	小麦粉	2.0							小麦	小麦	
10			小麦粉						小麦		
11			小麦デンプン						小麦		
12	みりん	1.6									
13			もち米						米		
14				米麹					微生物		
15			異性化糖						とうもろこし		
16			L-グルタミン酸ナトリウム			L-グルタミン酸ナトリウム	調味料	キャリーオーバー	とうもろこし		
17			5'-リボヌクレオチドニナトリウム			5'-リボヌクレオチドニナトリウム	調味料	キャリーオーバー	とうもろこし		
18	しょうゆ	1.5									
19			脱脂大豆						大豆	大豆	
20			小麦						小麦	小麦	
21			塩						海水		
22			エタノール			エタノール			とうもろこし		
23			安息香酸			安息香酸	保存料	キャリーオーバー	合成		
24			小麦麹						小麦	小麦	
25	粒状植物性たんぱく	1.2								大豆	
26			脱脂大豆						大豆	大豆	
27			粉末状大豆たんぱく						大豆	大豆	
28			小麦グルテン						小麦	小麦	
29				プロテアーゼ		プロテアーゼ	酵素	加工助剤	Bacillus（培地）	大豆（表示必要なし）	
30					大豆粉（培地）				大豆	大豆	
31	マーガリン	1.0									
32			大豆油						大豆	大豆	
33			硫酸カルシウム			硫酸カルシウム	組織改良剤	キャリーオーバー	合成		
34			大豆レシチン			大豆レシチン	乳化剤	キャリーオーバー	大豆	大豆	
35			L-アスコルビン酸			L-アスコルビン酸	酸化防止剤	キャリーオーバー	とうもろこし		
36			カラメルⅠ			カラメルⅠ	着色料	キャリーオーバー	デキストリン		
37			植物性油脂								
38				パーム油					パーム		
39				キャノーラ油					なたね		
40			脱脂粉乳						乳	乳	
41			乳加工品						乳		
42			塩						海水		
43			大豆レシチン			大豆レシチン	乳化剤	キャリーオーバー	大豆	大豆	
44			香料			香料	香料	キャリーオーバー	合成		
45			β-カロチン			β-カロチン	着色料	キャリーオーバー	デュナリエラ		
46	脱脂粉乳	0.6							乳	乳	
47	牛脂	0.5							牛肉	牛肉	
48	食塩	0.3							海水		
49			イオン交換樹脂			イオン交換樹脂	製造用材	加工助剤	合成		
50	L-グルタミン酸ナトリウム	0.1				L-グルタミン酸ナトリウム	調味料	必要	とうもろこし		
51	白こしょう	0.1							こしょう		
52			小麦粉						小麦	小麦	
53	合計	66.8									

表3.10-2 商品名:「スーパー○○冷凍ポテトコロッケ」原料配合統合書(衣および加熱調理用食用油脂)

No.	配合原料 原料配合	1次原料	2次原料	3次原料	添加物 物質名	用途名	表示義務有無	基原原料	アレルゲン 特定原材料等	原料由来のコンタミネーションの可能性
	配合									
1	パン粉 18.4	小麦粉						小麦	小麦	
2		砂糖						甜菜		
3										
4		コーンファイバー	二酸化ケイ素		二酸化ケイ素	ろ過助剤	加工助剤	とうもろこし		
5		ショートニング	パーム油					パーム油やし		
6			キャノーラ油					なたね		
7			豚脂					豚	豚肉	
8			牛油					牛	牛肉	
9			グリセリン脂肪酸エステル	グリセリン脂肪酸エステル	乳化剤	キャリーオーバー	大豆	大豆(蒸留)		
10			ミックストコフェロール	ミックストコフェロール	酸化防止剤	キャリーオーバー	大豆	大豆(蒸留)		
11										
12								海水		
13		食塩						微生物		
14		イースト						廃糖蜜(甜菜)		
15		ブドウ糖						とうもろこし		
16			モセラス(培地)	二酸化ケイ素	二酸化ケイ素	ろ過助剤	加工助剤	鉱物		
17		イーストフード	二酸化ケイ素					合成		
18										
19			小麦デキストリン					小麦	小麦	
20			塩化アンモニウム		塩化アンモニウム	イーストフード	一括表示	合成		
21			乳酸カルシウム		乳酸カルシウム	イーストフード	一括表示	合成		
22		トウガラシ色素製剤								
23			ショ糖脂肪酸エステル		ショ糖脂肪酸エステル	乳化剤	キャリーオーバー	合成		
24			トウガラシ色素		トウガラシ色素	着色料		トウガラシ		
25			キャノーラ油					なたね		
26	小麦粉 4.0							小麦	小麦	
27	キャノーラ硬化油 0.8							なたね		
28		活性白土	活性白土		活性白土	ろ過助剤	加工助剤	合成		
29		苛性ソーダ	水酸化ナトリウム		水酸化ナトリウム	脱色	加工助剤	合成		
30	コーンスターチ 0.7							とうもろこし		
31		亜硫酸ナトリウム	亜硫酸ナトリウム		亜硫酸ナトリウム	漂白剤(乳酸発酵)	加工助剤	合成		
32	粉状植物たんぱく 0.3							大豆		
33		脱脂大豆						大豆		
34		小麦グルテン						小麦	小麦	
35			プロテアーゼ	プロテアーゼ		酵素		Bacillus(培地)	大豆(表示不要)	
36				大豆粉(培地)				大豆	大豆	
37		大豆油						大豆	大豆	
38		硫酸カルシウム		硫酸カルシウム	組織改良剤	キャリーオーバー	合成			
39		大豆レシチン		大豆レシチン	乳化剤	キャリーオーバー	大豆			
40		L-アスコルビン酸		L-アスコルビン酸	酸化防止剤	キャリーオーバー	合成			
41		カラメルI		カラメルI	着色料	キャリーオーバー	とうもろこし			
	小計 24.2									

No.										
1	キャノーラ油 9.0							なたね		
2		ミックストコフェロール		ミックストコフェロール	酸化防止剤	キャリーオーバー	合成	大豆	大豆(蒸留なし)	
3		シリコーン樹脂		ポリジメチルシロキサン	消泡剤	加工助剤	合成			
4		活性白土		活性白土	ろ過助剤	加工助剤	合成			
5		苛性ソーダ		水酸化ナトリウム	脱酸	加工助剤	合成			

合計	33.2
加水	3.0
合計	36.2

農林水産消費安全技術センターHP(2013.7) 企業相談事例「衣の率」又は「皮の率」を計算する際は、どちらも製造時に使用した水を含めた量で計算するのでしょうか。
Q:調理冷凍食品「衣の率」又は「皮の率」を計算する際は、どちらも製造時に使用した水を含めた量で計算するのでしょうか。
A:衣、皮、フライ種はあんに使用された水を含む量も量比で計算してください。

3.4 原材料表示とアレルギー表示の作成例

表 3.11 商品名:「スーパー○○冷凍ポテトコロッケ」原料配合統合書（衣以外）

No.	配合	原料配合	配合原料 1次原料	2次原料	3次原料	添加物 物質名	用途名	表示義務有無	基原原料	アレルゲン 特定原材料等	原料由来のコンタミネーションの可能性
1	野菜	43.5									
2	馬鈴薯(北海道)	35.0							馬鈴薯		
3	たまねぎ	8.5							たまねぎ		
4	食肉	11.4									
5	牛肉	9.0							牛肉	牛肉	
6	鶏ミンチ	2.4							鶏肉	鶏肉	
7	砂糖	3.0							甜菜		
8		3.0	水酸化カルシウム			水酸化カルシウム	製造用剤	加工助剤	合成		
9			イオン交換樹脂			イオン交換樹脂	製造用剤	加工助剤	合成		
10			二酸化ケイ素			二酸化ケイ素	ろ過助剤	加工助剤	鉱物		
11	小麦粉	2.0	小麦粉						小麦	小麦	
12		2.0	小麦デンプン						小麦	小麦	
13											
14	みりん	1.6	もち米						米		
15		1.6		米糠							
16									微生物		
17			異性化糖						とうもろこし		
18			L-グルタミン酸ナトリウム			L-グルタミン酸ナトリウム	調味料	キャリーオーバー	とうもろこし		
19			5'-リボヌクレオチドニナトリウム			5'-リボヌクレオチドニナトリウム	調味料	キャリーオーバー	合成		
20	しょうゆ	1.5	脱脂大豆						大豆	大豆	
21		1.5	小麦						小麦	小麦	
22			塩						海水		
23			エタノール			エタノール	製造用剤	キャリーオーバー	合成		
24			安息香酸			安息香酸	保存料	キャリーオーバー	とうもろこし		
25			小麦麹						合成		
26											
27	粒状植物性たんぱく	1.2	脱脂大豆						大豆	大豆	
28		1.2	粉末状大豆たんぱく						大豆	大豆	
29			小麦グルテン						小麦	小麦	
30											
31				プロテアーゼ	大豆粉(培地)	プロテアーゼ	酵素	加工助剤	Bacillus(培地)	大豆(表示要なし)	
32									大豆	大豆	
33			大豆油						大豆	大豆	
34			硫酸カルシウム			硫酸カルシウム	組織改良剤	キャリーオーバー	合成		
35			大豆レシチン			大豆レシチン	乳化剤	キャリーオーバー	大豆	大豆	
36			L-アスコルビン酸			L-アスコルビン酸	酸化防止剤	キャリーオーバー	とうもろこし		
37			カラメルI			カラメルI	着色料	キャリーオーバー	合成		
38	マーガリン	1.0									
39		1.0	植物性油脂								
40				パーム油					パーム油		
41				キャノーラ油					なたね		
42			脱脂粉乳						乳	乳	
43			乳加工品						乳		
44			塩						海水		
45			大豆レシチン			大豆レシチン	乳化剤	キャリーオーバー	大豆	大豆	
46			香料			香料	香料	キャリーオーバー	合成		
47			β-カロテン			β-カロテン	着色料	キャリーオーバー	デュナリエラ		
48	脱脂粉乳	0.6	牛乳						牛乳	乳	
49	牛脂	0.5							牛肉	牛肉	
50	食塩	0.3							海水		
51			イオン交換樹脂			イオン交換樹脂	製造用材	加工助剤	合成		
52	L-グルタミン酸ナトリウム	0.1				L-グルタミン酸ナトリウム	調味料	調味料	とうもろこし		
53	白こしょう	0.1							こしょう		
54			小麦粉						小麦	小麦	
55	合計	66.8		66.8							卵アレルゲン混入

えでない」は任意表示であるが，会社方針で表示することとした．

　鶏ミンチ：一般的な名称である「鶏肉」とした

　キャノーラ硬化油：一般的な名称である「植物油脂」とした

　コーンスターチ：一般的な名称である「でん粉」とした

　キャノーラ油：「揚げ油（なたね油）」の表示とした

2) 複合原材料について，内訳を記述すべきものを抽出，表示検討

複合原材料が製品の原材料に占める重量の割合が5％以上のものは，パン粉である．しかし，JAS規格品であるので，表示は必ずしも必要ではない．本例では表示しないこととした．

3) 添加物の表示方法の検討

原料中の添加物の確認をすると，キャリーオーバーとなるパン粉中のイーストフード，キャノーラ油のミックストコフェロール，ポリジメチルシクロヘキサン（シリコーン）などを除くと，L-グルタミン酸ナトリウムのみとなる．この表示は，「調味料（アミノ酸）」とした．また，使用した添加物を原材料表示に併記して，添加物に占める重量割合に占める重量割合の高いものから順に表示することとなっている．

4) アレルギー表示の検討

原料由来のアレルゲンのコンタミネーションについての検討を行う．鶏ミンチの原料は，廃鶏を使用しているので卵アレルゲンが含まれる可能性があり，鶏ミンチの製造会社に情報提供を受けるか，自社で卵アレルゲンの分析を実施する必要がある．本例の鶏ミンチは，製造会社による過去数年間のロット調査によって，製品に含まれる卵アレルゲンは，理論上最も高い濃度としても 0.8 μg/g であることが確認されたので，表示をしないこととした．なお，鶏に含まれる卵アレルゲンは，Q&A, B-5 にて「アレルギー表示しなくてよい」とされている[3]が，アレルギーの方にとっては危害を及ぼす可能性がある．私見ではあるが，アレルゲンがどの程度含まれているのか十分調査をした上で表示の判断をするのが本来の姿と考える．

パン粉に配合されている豚脂・牛脂に含まれているタンパク質含有量について確認して，表示をすべきか否か判断したい．しかし，それらはショートニングに配合されているので，冷凍コロッケの会社がパン粉の会社に問い合わせをしても，2次原料の情報なので守秘義務の関係で情報公開してもらえないことがある．その場合は，タンパク質含有量を確認して類推するか，「(豚肉，牛肉を含む)」のアレルギー表示をするのが一般的と思われる．

本例の場合は，ショートニングの製造会社より豚脂・牛脂のタンパク質含有量と配合量の情報がもたらされたので，製品に含まれる豚脂・牛脂タンパク質の理論計算によって，表示の必要性がないことを確認した（表示をしないこととした）．

3.4 原材料表示とアレルギー表示の作成例

表3.12 商品名:「スーパー○○冷凍ポテトコロッケ」原料料表示検討資料

衣以外配合原料

No.	原料配合	原料配合(%)	原料名称の変更	具材	衣	加熱調理油脂	複合原料	添加物	特定原材料等	原料由来のコンタミネーションの可能性	検討事項
	野菜										
1	馬鈴薯	35.0	ばれいしょ(遺伝子組み換えでない)	○							
2	たまねぎ	8.5		○							
	食肉										
3	牛肉	9.0		○					牛肉		
4	鶏ミンチ	2.4	鶏肉	○					鶏肉	卵アレルゲン混入	卵アレルゲン混入の程度
6	砂糖	3.0		○							
7	小麦粉	2.0		○					小麦		代替表記の拡大表記(小麦)
8	みりん	1.6		○			酒精飲料 5%未満				
9	しょうゆ	1.5		○			JAS規格品 5%未満		大豆,小麦		
10	粒状植物性たんぱく	1.2		○			JAS規格品 5%未満		大豆,小麦		
11	マーガリン	1.0		○			JAS規格品 5%未満		乳,大豆		
12	脱脂粉乳	0.6		○					乳		
13	牛脂	0.5		○					牛肉		牛脂のタンパク質含有量
14	食塩	0.3		○							
15	L-グルタミン酸ナトリウム	0.1	調味料(アミノ酸)	○				調味料(アミノ酸)			
16	白こしょう	0.1		○			5%未満				

衣以外配合原料

No.	原料配合	原料配合(%)	原料名称の変更	具材	衣	加熱調理油脂	複合原料	添加物	特定原材料等	原料由来のコンタミネーションの可能性	検討事項
1	パン粉	18.4			○		小麦粉,砂糖,その他(JAS規格品)	イーストフード(キャリーオーバー)	小麦,豚肉,牛肉		豚脂,牛脂のタンパク質含有量
2	小麦粉	4.0			○				小麦		代替表記の拡大表記(小麦)
3	キャノーラ硬化油	0.8	植物油脂		○						
4	コーンスターチ	0.7	でん粉		○						
5	粉状植物たんぱく	0.3			○		JAS規格品 5%未満		大豆,小麦		

5	キャノーラ油	9.0	揚げ油(なたね油)			○		ミックストコフェロール,ポリジメチルシクロヘキサン(キャリーオーバー)			

特記事項: 東京都条例該当。原料原産地表示を「ばれいしょ」について別途表示欄を設けて表示。配合割合については、対象外につき表示しない。

v）アレルゲン表示について，省略がない状態での原材料表示を作成

表3.12の原材料表示検討資料に合わせ，アレルゲンを省略しない形で表示を作成してみる（表3.13-1）．また，添加物の事項欄を設けない場合を表3.13-2に示した．

vi）原材料表示の完成

アレルギー表示に関しては，代替表記，繰り返し省略規定などを考慮してお客様にわかりやすい表示として，原材料表示を完成させた（表3.14-1）．また，添加物の事項欄を設けない場合を表3.14-2に示した．

以上のような方法で原材料表示を作成していくのである．

表 3.13-1 商品名：「スーパー〇〇冷凍ポテトコロッケ原材料表示（個別表示法）
〈アレルゲンを省略しない形での表記〉

原材料名	野菜（ばれいしょ（遺伝子組換えでない），たまねぎ），衣（パン粉（小麦を含む），小麦粉（小麦を含む），植物油脂，でん粉，粉状植物たんぱく（大豆・小麦を含む）），食肉（牛肉，鶏肉），砂糖，小麦粉（小麦を含む），みりん，しょうゆ（大豆・小麦を含む），粒状植物たんぱく（大豆・小麦を含む），マーガリン（大豆・乳成分を含む），脱脂粉乳（乳成分を含む），牛脂（牛肉を含む），食塩，白こしょう（小麦を含む），揚げ油（なたね油）
添加物	調味料（アミノ酸）

表 3.13-2 商品名：「スーパー〇〇冷凍ポテトコロッケ原材料表示（個別表示法）
〈アレルゲンを省略しない形での表記〉

原材料名	野菜（ばれいしょ（遺伝子組換えでない），たまねぎ），衣（パン粉（小麦を含む），小麦粉（小麦を含む），植物油脂，でん粉，粉状植物たんぱく（大豆・小麦を含む）），食肉（牛肉，鶏肉），砂糖，小麦粉（小麦を含む），みりん，しょうゆ（大豆・小麦を含む），粒状植物たんぱく（大豆・小麦を含む），マーガリン（大豆・乳成分を含む），脱脂粉乳（乳成分を含む），牛脂（牛肉を含む），食塩，白こしょう（小麦を含む），揚げ油（なたね油）／調味料（アミノ酸）

表 3.14-1 商品名：「スーパー〇〇冷凍ポテトコロッケ」原材料表示（完成形）
〈代替表記，繰り返し省略について検討した表記〉

原材料名	野菜（ばれいしょ（遺伝子組換えでない），たまねぎ），衣（パン粉，小麦粉，植物油脂，でん粉，粉状植物たんぱく（大豆を含む）），食肉（牛肉，鶏肉），砂糖，小麦粉，みりん，しょうゆ，粒状植物たんぱく，マーガリン，脱脂粉乳，牛脂，食塩，白こしょう，揚げ油（なたね油）
添加物	調味料（アミノ酸）

表 3.14-2 商品名：「スーパー〇〇冷凍ポテトコロッケ」原材料表示（完成形）
〈代替表記，繰り返し省略について検討した表記〉

原材料名	野菜（ばれいしょ（遺伝子組換えでない），たまねぎ），衣（パン粉，小麦粉，植物油脂，でん粉，粉状植物たんぱく（大豆を含む）），食肉（牛肉，鶏肉），砂糖，小麦粉，みりん，しょうゆ，粒状植物たんぱく，マーガリン，脱脂粉乳，牛脂，食塩，白こしょう，揚げ油（なたね油）／調味料（アミノ酸）

■ 参 考 文 献

1) 内閣府；府令第十号，「食品表示基準」（平成 27 年 3 月 20 日）
2) 消費者庁；消食表第 139 号消費者庁次長通知，食品表示基準について，別添アレルゲンを含む食品に関する表示の基準（平成 27 年 3 月 30 日）
3) 消費者庁食品表示企画課；消食表第 140 号，食品表示基準 Q&A について（平成 27 年 3 月 30 日）
4) 日本酵素協会　食品部会；微生物基原酵素の食品への使用例及び培地由来特定原材料等の食品中での推定最大含量（平成 13 年 9 月 11 日）
5) 消費者庁；加工食品製造・販売業のみなさまへ，アレルギー物質を含む加工食品の表示ハンドブック（平成 26 年 3 月改訂）
6) 農林水産省 HP；フード・コミュニケーション・プロジェクト
7) 消費者庁；消食表第 139 号消費者庁次長通知，食品表示基準について，別添アレルゲンを含む食品の検査方法（平成 27 年 3 月 30 日）
8) 消費者庁；消食表第 257 号，アレルギー物質を含む食品に関する表示について（平成 25 年 9 月 20 日）
9) 埼玉県 HP；第 25 回アンケート「有機農業」「食品表示」（2010）
10) 東京都；東京都消費生活条例，調理冷凍食品品質表示実施要領　http://www.shouhiseikatu.metro.tokyo.jp/torihiki/hyoji/jorei/（平成 25 年 4 月 1 日一部改正）

4章　食品製造現場のアレルゲン管理を行う上での事前検討事項

　食品会社の工場製造現場において，自社のすべての製品の基原原料から商品となってお客様が喫食するまでについて，アレルゲンに関しての完璧な管理ができればこれほどよいことはないであろう．実際には，そのようなことはよほどの大企業や管理のしっかりした会社でないと難しい．ここでは一般的な食品会社が，工場製造現場においてアレルゲン混入防止のための管理（以下4～6章ではアレルゲン管理と称す）をしていく前に行わなければならないことを述べる．

4.1　アレルゲン管理の前提条件

　食品会社がアレルゲン管理を行っていく前提条件として，工場の食品衛生の基本である5Sができていることが必須である．5Sとは，次の事柄である．
　① 整理：必要なものと不必要なものとを区分けして，不必要なものを捨てる
　② 整頓：必要なものを置くべき場所を決めて，定置させる
　③ 清掃：各種の方法によって，汚れを除去する
　④ 清潔：整理・整頓・清掃を維持する
　⑤ 躾：定められたルールを守る習慣づけをする
　5Sの運用は，まず整理・整頓・清掃を行っていくことである．これらがうまく運用ができるようになった後は，躾である．経営者，従業員，パート，アルバイト，定期納入業者など当該食品会社に関わる関係者すべてが協働して維持，向上を図っていくことにある．
　そのためには食品衛生のマニュアルを設けて，教育・訓練を行っていく必要がある．さらに，マニュアル通り作業を行ったという記録を，文書として残しておくことが大切である．このような活動の結果，清潔が保たれる状態となるのである．
　HACCPシステムの前提条件として，一般衛生管理プログラムの運用が前提とされているのと同様に，これら5Sができていないとアレルゲン管理を行っていこうとしてもどこかでつまずくこととなる．
　例えば，作業用の道具が整頓されていないと，どのようなことが起こるのか考えてみよう．整頓とは，「必要なものを置くべき場所を決めて，定置させる」ことである．作業用の

道具があるべき場所に置かれていないと，アレルゲンがどこからか運ばれ，付着してしまいかねない．また，道具をアレルゲン別に分けて使用する決まりがあっても，作業者は当該アレルゲン専用の道具が見つからないと別の道具を使ってしまい，アレルゲンのコンタミネーションが発生してしまうかもしれない．このように，5S ができてはじめてアレルゲン管理の運用が可能となるといえる．

4.2 アレルゲン管理対象品等の決定とアレルゲン情報管理

　食品会社は，どのような製品や原料を対象としてアレルゲン管理を行っていくか，方針決定をする必要がある．また，それらについての情報伝達や情報管理システムを構築することが必要である．その概要について説明する．

4.2.1　アレルゲン管理対象製品

　食品会社が「どのような製品を対象としてアレルゲン管理をしていくか」について，方針決定する際のいくつかの選択肢について提示したい．
　① すべてのアレルゲンとなる可能性があるタンパク質などを「対象」と考え，製品の管理を行う
　② 表示義務アレルゲンおよび表示推奨アレルゲンが含まれる製品の管理を行う
　③ 表示義務アレルゲンが含まれる製品の管理を行う
　④ 表示義務アレルゲンが $10\,\mu g/g$ 以上含まれる製品の管理を行う
これらのうち，どの範囲の製品を管理対象とするかは会社の方針次第である．

　ここでは④の，最も狭い範囲の「表示義務アレルゲンが $10\,\mu g/g$ 以上含まれる製品」を「アレルゲン管理対象製品（以下，**アレルゲン管理製品**と称す）」と指定して，管理に取り組む内容を述べていきたい．この管理方法を推奨する理由は以下のことからである．

　例えば「$100\,g$ の製品に，表示義務アレルゲンを $10\,\mu g/g$ 含む他の製品 $5g$ が混入してしまった」（このような多量の混入は本来考えにくいが）と仮定すると，製品全体としては $0.5\,\mu g/g$ の混入（濃度）となる．この程度（$0.5\,\mu g/g$ アレルゲン）の混入では，アレルギーの人が被害を受けることは少ないのではないかという考え方である．つまり，表示義務アレルゲン $10\,\mu g/g$ 未満の製品が万が一，別の製品に混入しても，混入アレルゲン量が微量であるので，この製品を出荷したとしてもアレルギーの方が健康被害を被ってしまう確率は低い，と考えるからである．

　また，一般的に現場における品質管理は，定量分析，計測のような数値評価法を用いると管理がしやすい．その意味ではアレルゲン管理は，アレルゲン濃度をある程度計測できる表示義務アレルゲンの管理からシステムを構築していくのが現実的と考えている．

なお，このアレルゲン管理製品の管理運用が軌道にのり，標準化された後には，場合によってはさらに高度なアレルゲン管理を行うこと（例えば，推奨アレルゲンについても同様な管理を行うなど）も実現可能となるであろう．

4.2.2 アレルゲン管理対象原料

食品会社が，製品と同様に「どのような原料を対象としてアレルゲン管理をしていくか」について，方針決定する際のいくつかの選択肢について提示したい．

① すべてのアレルゲンリスクとなる可能性があるタンパク質などを「対象」と考え，原料の管理を行う
② 表示義務アレルゲンおよび表示推奨アレルゲンが含まれる原料の管理を行う
③ 表示義務アレルゲンが含まれる原料の管理を行う
④ 表示義務アレルゲンが 10 µg/g 以上含まれる原料の管理を行う

製品と同様に，どの範囲の原料を管理対象とするかは，会社の方針次第である．

ここでは，原料のアレルゲン管理は，③の表示義務アレルゲンが含まれていれば，その濃度にかかわらず，すべて「アレルゲン管理対象原料（以下，**アレルゲン管理原料**と称す）」と指定して，管理に取り組む場合の管理内容を述べていきたい．

この管理方法を推奨する理由は，原料にアレルゲンが含まれている場合は，そのほとんどが高濃度に含まれていることが多いので，そのような判断基準とした．それぞれの食品会社の原料事情に応じてアレルゲン管理原料の指定をしていただきたい（例えば，④をアレルゲン管理原料とするなど）．

なお，アレルゲン管理を開始する前の調査段階では，自社の技術蓄積のために，自社が使用しているすべての加工原料の表示義務アレルゲン濃度の分析を行うことが望ましい．これによって，原料に含まれているアレルゲン濃度や擬陽性，擬陰性情報の蓄積，整理ができる．さらにその分析結果は，原料のアレルゲン管理の方針決定やアレルゲン管理方法を考えるときに有効に働くと考える．

4.2.3 製品のアレルゲン濃度の確認—タンパク質理論濃度と分析値

アレルゲン管理すべき製品の範囲を明確にするため，製品に含まれる表示義務アレルゲンの濃度を一つひとつ分析する．製品より仕掛品の方が，アレルゲン濃度が高い可能性がある．その場合は，仕掛品のアレルゲン濃度が 10 µg/g 以上であれば，アレルゲン管理製品とするべきであろう．その算定は，当該製品のアレルゲン濃度から仕掛品のアレルゲン濃度を理論計算して，最も高いアレルゲン濃度がどの程度となるのか確認するか，最も濃度が高いであろう仕掛品のアレルゲン濃度を測定して，「アレルゲン管理製品」とすべきか否かの判断をする．

```
＜食品製造時の配合と水分，タンパク質含有量などの条件＞
  原料配合中の小麦粉配合量 2%    原料配合中の平均水分 35%
  製品水分 5%
  小麦粉のタンパク質含有量 10%
  （小麦粉のタンパク質濃度は 100,000 µg/g となる）
＜製品に含まれる小麦タンパク計算＞
  原料配合中の小麦粉のタンパク質含有量：0.1 × 0.02 ＝ 0.002
  原料配合中の固形分：1－0.35 ＝ 0.65
  原料配合から見た製品量：0.65 ÷ 0.95 ＝ 0.684
  製品中の小麦タンパク質含有量：
    0.002 ÷ 0.684 ＝ 0.0029
  製品中の小麦タンパク質含有量（µg/g）：
    0.0029 × 1,000,000 ＝ 2,900
```

図 4.1　製品中のアレルゲン関連タンパク質理論濃度算出例

　ただし，これらの分析は製品中に表示義務アレルゲンが，10 µg/g 以上含まれているか否かが不明なアレルゲンのみを分析する．例えば，パンのように明らかに 10 µg/g 以上のアレルゲン（この場合，小麦アレルゲン）を含むものの定量分析をしても，意味がないであろう．なお，製品のアレルゲン濃度を知りたい場合は，希釈や濃縮したサンプルを分析することで，正確なアレルゲン濃度を把握することができる．

　製品の表示義務アレルゲン分析を行った結果により，アレルゲン管理製品を管理していく方法が最も妥当な方法であるが，中小の食品会社においては表示義務アレルゲンの濃度を分析するのが，コスト上困難な場合がある．その場合は，配合中に含まれるアレルゲン関連のタンパク質濃度（例えば，小麦を含む製品であれば小麦タンパク質濃度）を理論計算すれば，大まかなアレルゲン濃度がわかる．このタンパク質理論濃度と実際のアレルゲン分析結果は概ね符合することが多い．図 4.1 に製品中のアレルゲン関連タンパク質理論濃度算出例を示した．本例では小麦粉配合量 2% であるが，小麦粉のタンパク質含有量は 100,000 µg/g となるため，製品中のタンパク含有量は約 2,900 µg/g となる．

　表示義務アレルゲンタンパク質のうち，その一部の成分を使用した原材料や添加物を使用する場合は，理論計算値と実際のアレルゲン分析結果とは符合しないことがある．そのような場合は，実際にアレルゲン濃度を分析するしかない．

　2 次原料や 3 次原料などの場合や，原料の詳細な配合割合の情報入手が困難な場合でも，アレルゲン関連のタンパク質濃度についてのみ問い合わせをすれば，開示してもらえることが多い．この，アレルゲン関連タンパク質理論濃度で管理する方法も，1 つの方法と考える．どのような方法で管理すべき製品を決定するかについては，各会社の判断に委ねたい．

4.2.4 原料・製品のアレルゲン情報管理と情報の社内共有化

新製品やリニューアル製品の発売前に，社内原料規格書（サプライヤーと契約した原料規格書（原料配合確認書などサプライヤーに対して守秘義務を負うものを除く）の内容およびその原料の社内使用ルールなどが記載されたもの），および製品規格書を必要部署に伝達する．その内容には，当該製品に用いられている原料に含まれる表示義務アレルゲンや当該製品がアレルゲン管理製品か否かについての情報も記載されていることが必要である．これによって，アレルゲンを含めた新製品製造に関わる情報を，社内で共有化することが

<伝達すべきアレルゲン情報>

社内原料規格書に記載された原料Aの表示義務アレルゲン情報（例）
　●小麦　　○乳　　○卵　　○そば　　○落花生　　○えび　　○かに

社内原料規格書に記載された原料Bの表示義務アレルゲン情報（例）
　○小麦　　●乳　　○卵　　○そば　　○落花生　　○えび　　○かに

すべての原料規格書のアレルゲン情報を記載

（なお原料は，原料A，原料Bだけでなく他にも存在するので，他にも原料規格書は存在する）

製品規格書に記載された表示義務アレルゲン関連情報（例）
　製品に含まれるアレルゲン
　●小麦　　●乳　　○卵　　○そば　　○落花生　　●えび　　○かに
　アレルゲン管理製品対象
　●小麦　　○乳　　○卵　　○そば　　○落花生　　●えび　　○かに

<情報の流れ>

担当部署	項目	業務内容	
商品開発部門	製品規格書作成	社内原料規格書のアレルゲンについての記載や製品規格書に「アレルゲン管理製品」か否かについての記載実施	本社部門
製品規格書管理部門	製品規格書公開	アレルゲン情報の入った原料規格書，製品規格書を各工場および関係部門に発信	

⇩ 伝　達

工場品質規格書管理部門	規格書確認	原料規格書，製品規格書の入手	
生産計画担当部門	生産計画への組込み	アレルゲン管理製品を考慮した生産計画	
品質保証部門	リストアップ	アレルゲン管理製品のリスト作成，アレルゲン管理状況についての監査支援	工場部門
製造部門	管理された生産	製造設備等に現在生産中のアレルゲンを表示	
		製造設備のアレルゲン混入の可能性確認	
		「アレルゲン管理製品」生産終了後の清掃実施	

図 4.2 アレルゲン管理製品の指定と工場伝達の仕組み（例）

●：当該アレルゲンを含む　　○：当該アレルゲンを含まない
商品開発担当者が発した「伝達すべき情報」を「情報の流れ」のルールに基づき伝達する．

できる．その伝達の仕組みの例を図4.2に示した．

　商品開発担当者などは，当該新製品に使用する予定の原料それぞれについて，原料規格書の原料配合確認書に記載のない表示義務アレルゲンが検出されていないことを確認する．その確認結果に基づいて，社内原料規格書にアレルゲン情報を記載する．

　図4.2の社内原料規格書に記載された原料Aの表示義務アレルゲン情報では，「小麦」を含んでいるので，小麦以外の表示義務アレルゲン分析を行い，検出されないという確認をとった上で小麦のチェックボックスに（●）を記入する．同様に原料Bは「乳」が含まれているので，乳以外の表示義務アレルゲン分析を行い，検出されない確認をとった上で，乳のチェックボックスに（●）を記入する．

　当該製品には実際にはいくつもの原料が存在しているので，同様に確認した上で社内原料規格書に記載することとなる．それと同時に商品開発担当者は，製品に含まれている表示義務アレルゲン分析を行う．その結果に基づき，製品規格書のチェックボックスに，「アレルゲン管理製品」に該当するアレルゲンを記載する．

　例示の製品は，「小麦，乳，えび」を含んでいる製品であり，「小麦，えび」が $10\,\mu g/g$ 以上含まれているアレルゲン管理製品である．

　これら社内原料規格書，製品規格書は，社内承認を得た後，製品規格書管理部門より本社関係部門および各工場に情報伝達する．伝達を受けた工場は，工場内の品質保証部門，生産計画部門，工場現場，原料受入部門などの必要部署に，工場でアレルゲン管理を行うべき内容を加味して連絡を行っていく．

　アレルゲン管理製品，アレルゲン管理原料の決定および5S管理，アレルゲン情報管理ができていることが，工場製造現場においてアレルゲン管理をしていく前に行わなければならないことである．

5章　食品製造現場のアレルゲン管理基準

　本章では，4章を受けて食品製造現場におけるアレルゲン管理について，具体的な方法を検討していきたい．食品工場でアレルゲンを含む原料を使用する場合は，その受入から保管，使用，生産，清掃に至るまで，アレルゲン混入リスクが極小化するよう管理する必要がある．本章ではその管理基準の指針を示した．

　アレルゲン管理をどのような内容で行っていくかについては，最終的には各食品会社の判断となる．その判断は，どのようなお客様に商品を提供しているのか，自社とその周りの環境などを鑑み決定すべきである．この「アレルゲン管理」で重要なポイントは，「自社で決定した管理基準は，どのような現場であろうがOEMであろうが，すべからく同じ管理基準でなければならない」ということである．

　アレルゲン管理部署は，あらかじめ決められた管理基準の運用を，工場と相談しながら進めていく．アレルゲン対策を検討し始めた初期段階のアレルゲン管理の運用は，「仮運用」の形で進めていく形がよい．アレルゲン管理部署は，工場とやり取りして，できる範囲から運用を実施していく．例えば，「設備に不備がある」，「動線に不備がある」などにより運用が難しい内容については，その理由を確認して，場合によっては次善のアレルゲン管理方法を見出すことが必要である．まず守ることができる基準を作り，それを運用して実績を積み，その維持向上を図る形がよい．

　本章では，4章4.2において推奨した，「アレルゲン管理製品」，「アレルゲン管理原料」の考え方に準じた管理基準の指針を示していく．また，表示義務アレルゲンを複数扱っている兼用ラインをいくつか備えた食品会社を前提に作成した．異なった管理方針の会社においては，本論の内容を検討した上で改めて管理基準を決定していただきたい．また，アレルゲン管理の「あるべき姿」を記述しているので，読者におかれては他のリスクや会社の実力に合わせて管理内容の検討をしていただきたい．

　本管理基準は，最終的には食品会社各社の食品衛生に関する決まり事（「○○株式会社食品衛生管理基準」など）の一部として位置付けてほしい．

　なお，本書においてのアレルゲンに関する定義について再掲する．

　　表示義務アレルゲン：特定原材料として指定されている「乳・卵・小麦・そば・落花生・えび・かに」の7品目

　　表示推奨アレルゲン：特定原材料に準ずるものとされている20品目

アレルゲン：表示義務アレルゲン＋表示推奨アレルゲン（27品目）

アレルゲン管理製品：表示義務アレルゲンが10 µg/g以上含まれる製品（4章4.2.1参照）

アレルゲン管理原料：表示義務アレルゲンが含まれている原料（4章4.2.2参照）

原料：原材料＋添加物（1章1.2参照）

5.1 アレルゲン管理からみた生産計画

5.1.1 ラインや工程の専用化

　表示義務アレルゲンを含む製品と含まない製品を製造するラインや工程は，分離するよう努めることがアレルゲン対策には有効である．特に，いくつもの製造ラインをもっている食品会社では，会社全体の生産システムとして，以下のような対策をとり，表示義務アレルゲン混入防止について生産計画面から検討していく必要がある．

　① 工場や生産棟ごとに，製品中に含まれている表示義務アレルゲンを同一とする
　② 製造ラインごとに表示義務アレルゲンの使用を制限する
　③ 製造工程ごとに表示義務アレルゲンの使用を制限する

　アレルゲン管理製品生産終了後の製造ラインの清掃は，アレルゲンが検出しないレベルまでの清掃方法が必要である．そのため，清掃を念入りにすることや製造設備の清掃の出来栄えの確認が必要なので，他の清掃と較べ清掃時間が長くなる可能性が大きい．製造ラインや工程を区分けして，表示義務アレルゲンの使用を統一化するなどを検討することによって専用化を図り，効率的な生産に努めるべきである．

5.1.2 工場の兼用ラインの生産品目の順番

　表示義務アレルゲンを含む製品を兼用ラインで製造する場合には，次のような順番でアレルゲン混入リスクを勘案した生産スケジュールを組むことを基本としたい．

　① 表示義務アレルゲンが含まれない製品
　② 低濃度（10 µg/g未満など）の表示義務アレルゲンを含む製品
　③ アレルゲン管理製品

　前項で述べた通り，アレルゲン管理製品生産後の清掃は，清掃時間が他の清掃と較べ長くなる可能性が大きい．アレルゲン管理製品の生産を当日の最後の方にすることで，生産を効率的に計画することが可能である．

5.2 建物，製造設備などの基準

　食品工場の建物や製造設備の設計は，安全性，耐久性，効率性，品質のよいものを安定して生産，微生物制御，異物混入防止など，いくつかの観点で検討していくが，それに加えて「アレルゲン管理がしやすい」という観点で建物，設備を設計することが必要である．この具体的な仕様については，7章にて述べる．本章では，建物，製造設備などのアレルゲン管理の基本的な考え方について述べていきたい．

5.2.1　ゾーニング

　ゾーニングとは，隔壁などにより区画化し，衛生区分を明確にすることをいう．アレルゲン管理のためのゾーニングは，微生物制御のためのゾーニングの考え方と重なる部分が多い．しかし，アレルゲンに関する区分設定は視点が異なるので，新たなゾーニングが必要な場合がある．区分にあたっては，原料，仕掛品，製品の状態および製造時のアレルゲン濃度や混入リスクの違いなどにより判断することが必要である．アレルゲンに関するゾーニングの概念が示されている例をあまり見ないので，今回あえて検討してみた．

(1)　アレルゲン管理作業区域

　アレルゲン管理作業区域とは，下記の区域をいう．
  ① 表示義務アレルゲンを含む原料を取り扱う区域
  ② 表示義務アレルゲンが 10 µg/g 以上含まれる仕掛品，製品および廃棄物を取り扱う区域

　同じアレルゲン管理作業区域であっても，製造ラインなどで仕掛品および製品に同一の表示義務アレルゲンのみが含まれている場合，アレルゲン管理作業区域であっても当該ライン内におけるアレルゲンの混入リスクは低い．しかし，ライン外へのアレルゲンの交差汚染（原料や仕掛品が飛散，落下することなどにより，他の仕掛品に付着して製品が汚染されてしまうこと）のリスクはアレルゲン準管理作業区域（後述）よりはるかに高いので，注意が必要である．

(2)　アレルゲン準管理作業区域

　アレルゲン準管理作業区域とは，下記の区域をいう．
  ① 表示義務アレルゲンを含まない原料，仕掛品，製品および廃棄物を取り扱う区域
  ② 表示義務アレルゲンが 10 µg/g 未満の濃度の仕掛品，製品および廃棄物を取り扱う区域
  ③ 表示義務アレルゲンが含まれる仕掛品，製品であるが，すでに内容物が包装されている状態のものを取り扱う区域
  ④ 現場管理室，現場品質検査室など，製造に関わる間接的な業務を行う区域

①については，アレルゲン管理作業区域など他の区域からの交差汚染をいかに防止するかについて，検討が必要である．

②については，製品分析を行ってアレルゲン濃度が 10 µg/g 未満であっても，仕掛品などのアレルゲン濃度が 10 µg/g 以上である可能性が高い場合がある．このような場合は，当該区域をアレルゲン管理作業区域とする（安全側の評価とする）．ただし，この対象区域をアレルゲン管理作業区域とすることによって，管理の負担が非常に大きくなるのであれば，理論計算や分析などを行って区域の細分化を行う．

③については，すでに内容物が包装されている状態なので，アレルゲン混入リスクは低い．ただし，包装品を開封するようなことがあれば，区分の再検討をする必要がある．

(3) アレルゲン汚染作業区域

アレルゲン汚染作業区域は，表示義務アレルゲンの交差汚染の排除やライン上の汚れを除去することが難しく，アレルゲン管理が困難な区域である．この作業区域は，管理が困難な表示義務アレルゲンのみをすべて配合した原料や仕掛品の取り扱い区域とする．

また，アレルゲン汚染作業区域は，当該表示義務アレルゲンが含まれない区域とは必ず分離する必要がある．該当するラインや設備の例を挙げると，小麦粉やそば粉の原料搬入口や保管庫，小麦粉やそば粉を主体とした一部の製造ライン，などが考えられる．

(4) 一般区域

一般区域とは，製造に直接関わらない休憩室，事務所，便所，更衣室などの生活に関係する区域や，電気室，ボイラー室，コンプレッサー室などのユーティリティー区域を指すことが多い．しかし，この区域においても表示義務アレルゲンの飛来や交差汚染が考えられる．そのため，製造部分の区域と一般区域を明確に分離することが必要である．

(5) ゾーニングのまとめ

表 5.1 に，各管理作業区域，一般区域についてのアレルゲン管理の考え方についてまとめた．アレルゲンを複数含む原料を使用して生産するアレルゲン管理作業区域においては，厳格に管理することが必要である．

一般的な微生物コントロールのためのゾーニングの概念とは異なるので，新たなアレルゲン対策用の隔壁，仕切り，衝立などが必要となる可能性がある．微生物制御の観点からのゾーニングと矛盾する点については，よく検討して不具合が発生しない配慮をする．ゾーニングのいくつかの例を以下に示す．

① 工場の製造ラインと製造ラインのゾーニングをする
② 工場の設備と設備のゾーニングをする
③ 原料，廃棄物などの搬出入口のゾーニングをする
④ 原料や仕掛品保管庫のゾーニングをする
⑤ 荷捌き場のゾーニングをする

表 5.1 アレルゲンの管理作業区域別の管理の考え方

作業区域	アレルゲンが 10 μg/g 以上含まれるか否か	10 μg/g 以上含まれるアレルゲンの数	アレルゲン管理の内容
アレルゲン管理作業区域	含む	同一のアレルゲンのみが1つ以上含まれている	区域外へのアレルゲンの交差汚染を中心に管理
	含む	複数	厳格に管理
アレルゲン準管理作業区域	含まず	なし	区域外からのアレルゲンの交差汚染を中心に管理
	包装済みは「含まず」の扱い	包装済みは「なし」の扱い	包装済みのものを廃棄する場合の管理
アレルゲン汚染作業区域	含む	同一のアレルゲンのみが1つ以上含まれている	管理不能につき，区域外へのアレルゲンの交差汚染防止を中心に管理
一般区域	—	—	区域外からのアレルゲンの交差汚染を中心に管理

表示義務アレルゲンのみを対象として区分けした． (平出 基氏作成)

必要に応じて，アレルゲン対応パスボックス（外部からアレルゲンを持ち込まないように物品の受け渡しを行う装置），前室などを設けて汚染防止に努める．

5.2.2 製造設備一般

(1) 製造設備の分離

生産計画面で表示義務アレルゲン別のラインの専用化や工程の専用化が困難な場合，表示義務アレルゲンを含む製品と含まない製品を製造する設備は，それぞれアレルゲン別に設備の使用用途を区分けするよう努める．やむを得ず同一の設備で製造する場合は，アレルゲンの飛散防止設備仕様や清掃しやすい設備仕様（後述）とするなど，アレルゲン対策の措置を行う．

(2) 製造設備の配置と動線

微生物制御や異物混入防止の観点から動線管理するのと同様に，アレルゲン混入防止の観点から，人や物の接触による表示義務アレルゲンの交差汚染を防止できる動線とすることが必要である．

ライン設計時に，アレルゲン管理作業区域の設備配置図に，アレルゲン別の動線を色分けして線引きしていく．それらの動線がなるべく交わらないような検討を行うことによって，ライン間および工程内の汚染を防止する設備配置となるようにする．現場の状況を確認した上で，うまく折り合いをつけた設備配置とすることが必要である．

(3) アレルゲンの飛散防止設備仕様

アレルゲン管理作業区域で，表示義務アレルゲンを含む原料や仕掛品を用いて加工や搬

送などを行う場合，アレルゲンが飛散して他の原料，仕掛品および設備などに付着したり，作業者の作業服などに付着したりして，他の製造ラインや設備にアレルゲンが混入してしまう恐れがある．そのため，原料や仕掛品が飛び散らないようにすることが必要である．

アレルゲンの飛散防止例を下記にいくつか示す．

① 設備を密閉式とする
② 飛散箇所に局所排気装置（粉塵やガスなどの有害物質を局所排気フードから吸い込み，ダクトによって搬送させ排気ファンにより当該区域外へ排気する換気装置）を取り付ける
③ 回転物を含む設備の場合，その回転速度を落とす
④ 液状の原料や仕掛品の粘度を上げる，または比重を大きくする
⑤ 粉状の原料や仕掛品の嵩比重を大きくする
⑥ 原料や仕掛品が流れている設備箇所の落差を少なくする

(4) 清掃しやすい設備仕様

表示義務アレルゲンを含む原料や仕掛品を扱う製造設備は，清掃しやすい設備仕様とする．その設備仕様については，7章7.3.1にて解説する．

5.2.3 搬送設備

一般にHACCPシステムでは，「搬送設備は一般的衛生プログラム（PP, PRP：Prerequisite programs）で対応できる」として簡単に片付けられていることが多い．また，HACCPシステムのフローダイアグラムにも出てこないことが多い．しかし，搬送設備は，アレルゲン管理において重要な管理ポイントであることが多い．食品工場で使用されている各種搬送設備については，7章7.3.2にて解説する．

5.2.4 製造現場出入口

製造現場の従業員などの出入口は，異物混入防止のため，必要最小限の出入口数とするのが一般的である．しかし，表示義務アレルゲンの交差汚染防止のため，アレルゲン管理作業区域，アレルゲン準管理作業区域，およびアレルゲン汚染作業区域について，出入口を別々に設けることにより交差汚染を防止することが望ましい．特にアレルゲン汚染作業区域については，アレルゲンの交差汚染の可能性大であるので，他の出入口とは別に設ける．

なお，従業員入口では，衛生準備室を設置してアレルゲンが現場内に持ち込まれるのを防止する．また，出口は交差汚染防止のため，入口とは別の箇所にそれぞれ設けることが望ましい（詳細は7章7.2.3参照）．

5.2.5　原料および包材搬入口

　食品工場の原料および包材の搬入口は，異物混入防止のため，必要最小限とするのが一般的である．しかし，アレルゲン混入防止の観点から，表示義務アレルゲンが含まれている原料と表示義務アレルゲンが含まれていない原料や包材の搬入口は別に設けることが必要である．

　さらに小麦粉，そば粉，ピーナッツ粉などの高濃度の表示義務アレルゲンを含む粉原料で，その包材が破れて内容物が簡単に袋外に出てしまうような仕様になっている場合は，専用の原料搬入口とすることが必要である．微生物制御や異物混入防止の観点と矛盾する点については，よく検討して不具合が発生しない配慮が必要である．

　原料および包材の搬入口は，外部との前室と内部との前室の2つを設けて，工場外からの表示義務アレルゲンの侵入を防止する必要がある．原料や包材の外包装には，アレルゲンを含む汚れが付着している可能性があるので，汚れをエアシャワーによる除去や吸引除去する，外包装を除去するなど，何らかの形で清浄度を上げて工場内に受け入れることが必要である．

　また，原料の運搬用台車にプラスチック製（ポリエチレンなどの使い捨てがよい）の簡単なシートカバーをして運搬する．運ばれた原料や包材は，運搬終了後にカバーを取り外すなど，アレルゲンの交差汚染防止に配慮する．

5.2.6　原料保管庫

　原料保管庫は，原料に含まれている表示義務アレルゲンごとに保管場所を区分けする．また，保管場所にアレルゲンの表示（本章5.3参照）などをすることによって，原料を混同しないような識別保管・管理を行う．なお，小麦粉やそば粉など表示義務アレルゲンを高濃度に含む粉原料で，破袋して内容物が簡単に袋外に出てしまうような包材仕様になっているものについては，別途隔離された専用の原料保管庫（汚染作業区域とする）が必要である．

5.2.7　原料荷捌き場

　原料の荷捌きは，表示義務アレルゲン別に区分けされた専用の場所で実施する．荷捌き場のゾーニングの仕様は，原料荷捌き時のアレルゲン混入リスクの程度によって判断する．剥ぎ取った荷造り用結束物や流通用のダンボールケースなどの廃棄物は，表示義務アレルゲン別の廃棄物用容器などに入れるなどして，廃棄物取り扱い時の交差汚染の可能性を減少させる．この廃棄物は，定期的にそのまま廃棄物一時保管庫まで運搬し，廃棄する．

　荷捌き後の原料は，必要に応じて表示義務アレルゲン別の作業場にて，小分け，計量などを行い，専用容器に移し替えるとともに，交差汚染が起きないように表示をして生産準

備に供する．

5.2.8　廃棄物搬出口および廃棄物一時保管庫

　製造工程内で発生した廃棄物は，工場生産棟内の廃棄物一時保管庫に保管することが多い．この一時保管庫は，工場生産区域の前室の扱いとなる．製造側の開口部と外部側の出口部シャッターやドアは，双方が開放状態とならないようインターロック機構を用いるなど，開閉管理をすることが必要である．

　廃棄物一時保管庫から工場生産棟外の廃棄物保管庫に廃棄物を運搬する場合は，生産棟外部用の廃棄物運搬用具と生産棟内部用の廃棄物運搬用具とを分けて，異物混入防止とともに外部からのアレルゲン混入を防止する．また，廃棄物運搬時に表示義務アレルゲンが交差汚染しないように，台車や容器などにカバーをするなど，廃棄物からの混入防止に配慮することが必要である．

5.2.9　給排気設備

　アレルゲン準管理作業区域内は，他の区域より5パスカル以上の陽圧にすることを基本とする．また，差圧計を設置してその状況をモニタリングする．これにより，他の区域からの表示義務アレルゲンの交差汚染を防止する．交差汚染防止のために，空気の流れを十分検討することが必要である．微生物制御や異物混入防止の観点からの陽圧管理と矛盾する点については，よく検討して不具合が発生しないよう配慮をする．

(1)　給気設備

　外部からの給気設備（区域内に空気を入れこむ換気設備）は，微生物制御の管理レベルに合わせて，ヘパフィルターまたは中性能フィルター（7章7.2.2参照）を用いて清浄度を高めた仕様のものを設置する．なお，これらのフィルターは，表示義務アレルゲンの工程内への侵入を防止できることを，事前テストなどで確認した上で設置する．

(2)　局所排気設備

　アレルゲン管理作業区域において，表示義務アレルゲンを含む原料や仕掛品を取り扱う際に，区域内に原料や仕掛品が飛散する可能性が否定できない場合，飛散する可能性のある箇所を局所排気設備によって吸引を行う．これによって，アレルゲンの交差汚染を防止する．

　発生源に対して表示義務アレルゲンを捕捉するのに有効な設備仕様を選択するとともに，フード形状，位置，風量，風速を選択，調整することにより，アレルゲンを含む原料や仕掛品を飛散させないようにする．また，局所排気設備が稼動していないと原料が投入できないように，インターロック機構を用いるなど，アレルゲンの飛散防止を確実に行うようにする．

(3) 全体排気設備

アレルゲン管理作業区域やアレルゲン汚染作業区域において，全体排気設備（区域内全体から空気を排出する換気設備）から表示義務アレルゲンが飛散する可能性が否定できない場合は，その可能性排除のため，飛散防止，局所排気設備の設定などの再検討や全体排気設備をフィルター付き仕様とすることが必要である．

それ以外の区域においても，今後表示義務アレルゲンを使用する可能性がある場合は，フィルターを取り付けることが可能な全体排気設備仕様とすることが望ましい．

また，アレルゲン管理作業区域内の全体排気設備フィルターに表示義務アレルゲンが付着していないか，定期的にアレルゲン分析やタンパク質検出キット（本章 5.9.3 参照）などで確認する．アレルゲンが検出された場合は，原因究明と対策実施を行う．

(4) 室内空気循環型の空調設備

アレルゲン管理作業区域内の室内空気循環型空調設備は，フィルターに表示義務アレルゲンが飛散して付着していないか，定期的にアレルゲン分析またはタンパク質検出キットなどにて評価することによって，アレルゲン管理から見た空気の清浄度が保たれていることを確認する．

5.3 原料，包材の納入時の取り扱いと管理および仕掛品の管理

5.3.1 原料および包材の納入時の確認

原料や包材の納入時の内容確認は，重要なアレルゲン管理の1つである．原料や包材が間違って異なるものが納入されて使用された場合，大きな問題となることが多い．原料および包材の納入時に，現物と検査票に記載のある名称，ロット No.，試験検査成績内容などの確認および照合を行うことが必要である．これらによって，間違って異なる原料や包材を使用したことによる表示義務アレルゲンの混入事故を防止できる．

5.3.2 原料，包材および仕掛品の保管管理

納入時の検査票などの確認，照合後の原料は，必要に応じて実施する納入時検査が終了するまで仮保管する．間違えてこれらを使用しないようにするため，この仮保管の状態では工場在庫としないのが一般的である．納入時検査合格後，原料在庫日報への記載，2次元バーコードなどを貼り付ける（本章 5.3.4 に後述）などの識別記録を行った後の原料は，アレルゲンごとに区分け，表示された原料保管庫に識別保管する．この状態で，初めて生産に使用可能な原料となる．

また，納入時の検査票などの確認，照合後の包材は，必要に応じて実施する納入時検査が終了するまで仮保管する．原料と同様に納入時検査合格後，包材在庫日報への記載，2

次元バーコードなどを貼り付けるなどの識別記録を行った後の包材は，包材保管庫に識別保管する．

在庫となった仕掛品についても同様に，識別記録を行った後アレルゲンごとに区分けし，表示された仕掛品保管庫に識別保管する．

5.3.3 原料および仕掛品の表示

原料，包材および仕掛品の保管容器には，混同や交差汚染を避けるため，その名称，ロットNo.，含まれている表示義務アレルゲン，使用期限など必要事項を表示することが必要である．

半端となった原料や包材は，密閉できる容器・包装に入れることが必要であるが，その容器・包装にも同様に表示が必要である．ただし，すでに必要事項が原料などの容器・包装に表示されている場合は，その限りではない．

5.3.4 原料および仕掛品の識別管理

原料および包材の納入時の識別管理法として，人手による確認と記録が一般的である．最近，原料納入から生産時の使用，出荷に至るまでの識別管理方法（消費者に届くまでのトレーサビリティとしても使用可能なシステムもある）として，各種のITシステムが販売されている．原料，仕掛品，包材を識別して保管，生産時に使用すべきものか否かを確認するシステムの例を図5.1に示した．

原料や包材の外包装に，当該原料や包材の内容を認識する2次元バーコードを貼り付けたものをサプライヤーに納入してもらうか，納入時の確認，照合後に当該工場で登録した2

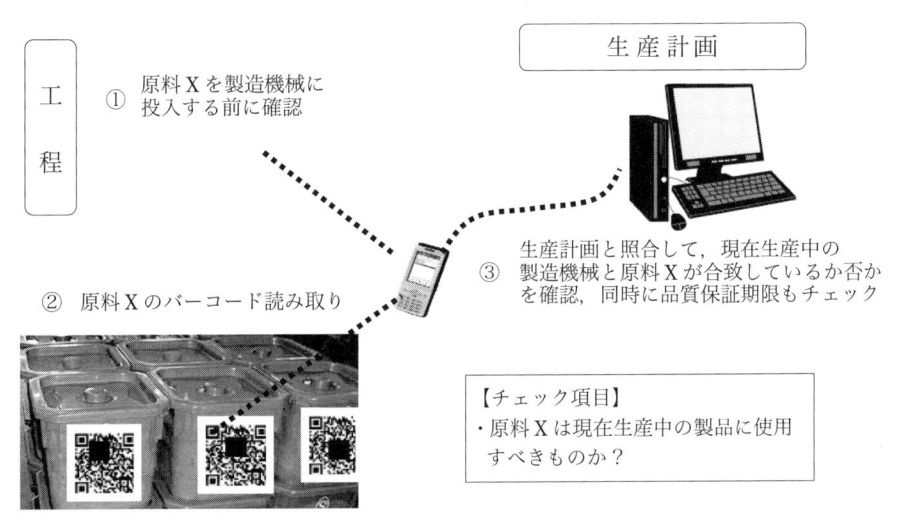

図5.1 2次元バーコードによる誤使用防止システム運用（例）

次元バーコードを貼り付ける．これらの2次元バーコードは，原料や包材の製造ロットで異なるバーコードを使用するのが一般的である．また，仕掛品が在庫となった場合や，原料の半端在庫が発生した場合も2次元バーコードを貼り付ける．

登録した原料や包材などを生産に用いるとき，そのバーコードを読み取った情報と，製造設備に取り付けてある情報端末に入っている現在進行中の生産品種情報とが合致すれば，使用できるシステムである．これにより，原料や包材などを間違って使用することが極端に減少するはずである．このようなシステムの特長は，「不良品を作らない」「不良品を流さない」「不良品をつきとめる」であるが[1]，作業者の立場から見ると，さらに「ストレスフリー」が加わる．

2次元バーコードシステムなどのITシステムを使用しないのであれば，原料や包材の保管庫入庫時および原料，包材および仕掛品の使用時に作業を行った者とは別の者がチェックを行い，記録を残すようにする．

また，1日の生産終了時や一定時間ごとに原料，包材，仕掛品の理論使用量と実使用量をチェックし，誤使用がなかったか確認して記録に残す．これらの方法によって間違った原料，包材および仕掛品の使用によるアレルゲン混入事故を未然に防ぐ．

5.4 製造トラブル発生時の取置き仕掛品の対処

製造上のトラブルが発生すると，一部工程がストップすることがある．その場合に，前工程の仕掛品を取置きすることがある．この仕掛品を再度製造ラインに戻す際に，間違えて他の製造ラインに誤使用してしまう可能性がある．このような場合，他の製品にアレルゲンが高濃度に混入してしまう恐れがある．

2次元バーコードシステムなどのITシステムは，原料，包材，仕掛品を登録後，データ更新後でないと使用できないことが多いので，トラブル時，すぐに対応することが難しいことが多い．トラブルが発生すると混乱して，さらにトラブルを発生させてしまうことがあるので，トラブル時にうまく対処できるシステムが必要である．

トラブルで仕掛品を取置きしトラブル解消後，ミスなく速やかに再度製造ラインに戻したい場合，下記の対応が考えられる．

① 製造ラインごとに仕掛品取置き容器の形状を変えたり，色分けして，取置きした仕掛品がひと目でどのラインから採取したのかわかるようにする．

② 取置きした仕掛品名，製造ライン名，取置き時刻，取置き仕掛品の重量または容器数を記録する．同様に，生産再開後仕掛品使用時の製造ライン名，使用時刻と仕掛品使用重量または容器数の記録をすることで，誤使用がないか確認をすることができる．

③ 取置きした仕掛品を使用する場合は，製造ラインに投入する場所を決める．また，その場所に現在生産中の製品名を表示することで，仕掛品を再使用する際に間違いに気づくことが可能である．

このような非定常時のルール作りも重要である．

なお，仕掛品を取置きすることにより，微生物の増殖の可能性，物性・色調の変化などの問題発生が考えられるので，再使用時の品質上のガイドラインも併せて必要となる．

5.5 製造現場内で使用する用具，容器・包装等の取り扱い

製造現場内で使用する用具，容器・包装などにより，アレルゲンの交差汚染が生じることがあるので，これらは使い捨て仕様のものを使用するか，毎回洗浄済みのものを用いる．製造現場内で使用する事務用具などについては，使用後に毎回アルコールによるふき取りなどを行い，汚れが付着しないよう配慮する．これらの置き場所を定置化することも，重要な交差汚染防止のポイントである．

工場管理部門担当者，品質検査担当者は，いろいろな製造ラインに立ち寄り，アレルゲン管理作業区域など各種の区域で製品の目視確認を行ったり，サンプリングを行ったりして検査する．これらに用いるサンプリング用具は，使い捨て仕様のものを使用するか，毎回洗浄済みのものを用いる．また，生産技術部門担当者などが用いる工具類については，毎回洗浄済みのものを用いるなど，アレルゲンの交差汚染防止に努める．

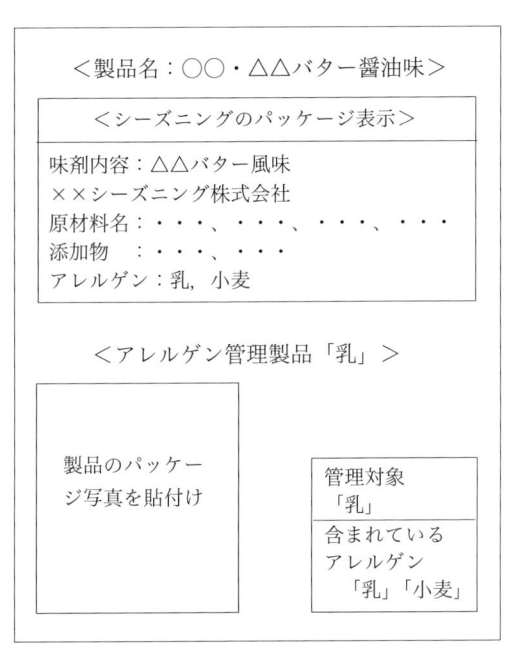

```
<製品名：○○・△△バター醤油味>
 <シーズニングのパッケージ表示>
味剤内容：△△バター風味
××シーズニング株式会社
原材料名：・・・、・・・、・・・、・・・
添加物　：・・・、・・・
アレルゲン：乳，小麦

 <アレルゲン管理製品「乳」>

 ┌─────────┐  ┌──────┐
 │ 製品のパッケー  │  │管理対象 │
 │ ジ写真を貼付け  │  │「乳」  │
 │         │  ├──────┤
 │         │  │含まれている│
 │         │  │アレルゲン │
 │         │  │「乳」「小麦」│
 └─────────┘  └──────┘
```

図 5.2 製造工程等へのアレルゲンの表示（例）

5.6 表示義務アレルゲンを取り扱う工程などに使用するアレルゲンの表示

アレルゲン管理作業区域において，製造工程中のラインの目立つ場所，例えば製造設備，原料保管庫，原料運搬車などに，現在生産中の原料，仕掛品および製品の表示義務アレルゲンを表示して注意喚起を促すことは，アレルゲン対策に効果的である．図5.2は，製造工程（図では味付け工程）に貼り出すアレルゲン管理製品の注意喚起表示例である．製品名とともに，アレルゲンを含む原料であるシーズニング（調味料原料）の内容についても，併せて表示している．

5.7 動線管理による交差汚染の防止

アレルゲン管理作業区域内では，表示義務アレルゲンが異なるものを取り扱う従業員の作業動線や，従業員が運搬するモノの動きが交わらないように，実際の作業場の床にアレルゲン別に色分けして線引きをする．従業員は，その動線の決まり事に従って作業を行う．

また，いろいろな製造ラインに立ち寄る工場管理部門担当者，品質検査担当者，技術部門担当者などについては，この作業動線に準じた行動をとるとともに，製造ラインに近づくことを必要最低限とする．

アレルゲン管理作業区域内およびアレルゲン汚染区域では，担当している製造ラインから他の製造ラインへ移動する場合は，そのまま他のラインへ入室するのではなく，汚染除去をした後一度退室する．また，必要に応じ使用していた作業服，帽子，手袋，使用用具などを取り替えた後，他のラインの衛生準備室から再入場する．いろいろな製造ラインに立ち寄る工場管理部門担当者，品質検査担当者，技術部門担当者などについても，アレルゲンによる汚染が考えられる場合，同様な措置をとる．

これらのことにより，人の動きによる交差汚染を低減させる．

5.8 包装不良品の再利用禁止

重量不足，包装シール不良など包装工程で発生する包装不良品は，内容物に問題がなければ，包装品を開封して再度内容物を包装したい．しかし，複数の製品を生産している兼用ラインでは，別の製造ラインに誤使用してしまう確率が高まる．管理システムがしっかりしていればよいが，管理が不十分であれば誤使用によるアレルゲン混入リスクが高まる．よって，製造ラインをアレルゲン別に原料の使用を制限するなど，アレルゲンの使用を制限している場合以外は，包装不良品の再利用を原則禁止にすべきである（地球環境にはやさしくないが）．

また，包装不良品の再利用は，人手による開封であれば，毛髪や包材の切れ端などの異物が入る可能性も高まる．再利用の作業よりも，その時間を「どうやったら包装不良品をゼロに近づけるか」の研究時間に充てた方が，余程将来性があるように思われる．

5.9 清掃時のアレルゲン対策

　生産品種切り替え時や生産終了後のライン清掃は，生産プロセスの一貫として重要な作業の1つである．その方法を標準化するため，設備ごとに全社統一した清掃方法を決めるべきである．本書では，それを製造設備ごとに定めたものとして，「清掃基準書」と称することとする．

　兼用ラインのアレルゲン管理製品生産後の生産品種切り替え清掃を行うことは，アレルゲン対策上重要なポイントである．アレルゲン管理部署は，通常の清掃とは別に，アレルゲン管理製品を生産した後の製造設備の清掃方法を定める．それを「清掃基準書（アレルゲン）」（仮称）として各工場に指示するとともに，その維持管理を行う．その方法について次項に述べる．

5.9.1 清掃基準書（アレルゲン）の作成と運用

　「清掃基準書（アレルゲン）」は，アレルゲン管理製品生産後の清掃の出来栄えとして，表示義務アレルゲンを含む残渣が，ほぼ完璧に除去されている状態となる作業方法とすることが肝要である．生産技術担当者，商品開発担当者など「清掃基準書（アレルゲン）」の作成担当者は，まず清掃基準書を机上で作成する．その後，実際に製造現場にて製造設備を用いて清掃の模擬試験を実施する．設備納入前であれば，設備メーカーにて清掃の模擬試験を行って，どのような清掃を行ったら清掃後の設備において表示義務アレルゲンが検出されないか確認する．場合によっては，洗剤や清掃用具などの具体的な商品名を指定したりして，清掃のばらつきを最小限にする．さらに，現場で実際に清掃を担当する者の意見を取り入れて清掃内容を検討する．

　CIP洗浄（Cleaning In Place：対象機器を定置で自動洗浄する方法）の場合であっても，メーカーが推奨する洗浄プログラムでは表示義務アレルゲンが完全に除去できない可能性がある．洗浄清掃終了後のアレルゲン残存の評価を行い，問題ない清掃結果が実現できていることを確認することが必要である（詳細は7章7.4.1参照）．

　清掃基準書の作成担当者は，これらの模擬試験結果に基づいて「清掃基準書（アレルゲン）」を作成する．アレルゲン管理部署は，完成したこの「清掃基準書（アレルゲン）」の内容確認後，指示書として各工場に配付する．この「清掃基準書（アレルゲン）」は，製造方法が似かよった製品群の製造設備ごとに作成することが望ましい．清掃基準書の例を表

5.2に示した．本例の中で通常の清掃基準書との比較をしてみると，「清掃基準書（アレルゲン）」の場合は清掃後の点検システム（本章5.9.3に詳述）が入っている．

表5.2　清掃基準書（例）

工程	清掃基準書
A機械 S部周り	①A機械ホッパーを外し，アルコールにてふき取る． ②B機械下部周りのシュート等を取り外し，洗浄を行う． ③A機械本体，S部周りの仕掛品を除去する． ④A機械上部，S部周りをふき取り清掃する． ⑤セットされていたDをカットして取り外す． ⑥S部を落下させないように注意してA機械より取り外す． ⑦S部をS部洗浄場所にて洗浄する． ⑧S部に付属しているNを外し，自動洗浄3分（水温40〜50℃）を実施する． ⑨S部を乾燥装置にて乾燥させ，ノズルを取り付ける． ⑩S部をアルコール消毒する． ⑪S部を取り付ける． ⑫A機械に次の生産品種の準備品を取り付け，A機械の調整を行う． ⑬次の製品稼動時××をロス処理して生産を開始する． ＜備考＞ ふき取り用具はF社××又はそれと同等品を使用する． アルコール消毒はB社△又はそれと同等品を使用する．
	清掃基準書（アレルゲン）
	①A機械ホッパーを外し，アルコールにてふき取る． ②B機械下部周りのシュート等を取り外し，洗浄を行う． ③A機械本体，S部周りの仕掛品を除去する． ④A機械上部，S部周りをふき取り清掃する． ⑤セットされていたDをカットして取り外す． ⑥S部を落下させないように注意してA機械より取り外す． ⑦S部をS部洗浄場所にて洗浄する． **⑧S部に付属しているNを外し，自動洗浄5分（水温40〜50℃）を実施する．** ⑨S部を乾燥装置にて乾燥させ，ノズルを取り付ける． **⑩S部内部平滑部分100cm^{2}をタンパク質キットにてふき取り，タンパク質の汚れのないことを確認する．** ⑪S部をアルコール消毒する． ⑫S部を取り付ける． ⑬A機械に次の生産品種の準備品を取り付け，A機械の調整を行う． ⑭次の製品稼動時××をロス処理して生産を開始する． ＜備品＞ ふき取り用具はF社××又はそれと同等品を使用する． アルコール消毒はB社△又はそれと同等品を使用する．
重要事項	・清掃後に清掃者とは別の者（ライン責任者等）が清掃の出来栄えのチェックを行い，清掃の精度を確認して記録すること． ・アレルゲン管理製品生産後の生産品種切り替え清掃後に重要清掃ポイントをタンパク質キットにて確認，「陽性」反応が出た場合は「再清掃」を実施すること．

5.9.2 清掃手順書の作成と運用

各工場はこの清掃基準書に基づき，詳細な清掃に関しての「作業手順書（清掃手順書）」を作成する．さらに各工場は，その清掃手順書を用いて清掃作業員の教育を実施することで，間違いなく清掃作業を実施できるようにすることが必要である（本章 5.14.2 参照）．

製造設備の基本的な清掃方法として，エアー吹きは避け，掃除機（排気に含まれる粉塵飛散防止付きのもの）などの吸引による清掃を行うなど，飛散防止を考慮して実施する．また，一般的なタンパク質の汚れを対象とした洗浄清掃手順は，①仕分け，②予備洗浄，③洗浄，④すすぎ，⑤脱水・乾燥である．

① 仕分け：機器を手動で分解し，それぞれの部品を適切な洗浄方式に分ける

② 予備洗浄：汚れ箇所を温水（40〜50℃）で軽く洗浄後，ブラシ，スポンジ，不織布によるふき取り，残渣の吸引除去，ブラッシングなどによる物理的な残渣の除去を行う．その後，温水（40〜50℃）により，取れた残渣を洗い流す．予備洗浄で洗浄工程の負荷を減らして汚れのレベルを整え，洗浄精度を上げる

③ 洗浄：アルカリ洗剤による洗浄を行うのが基本である．ただし乳石（乳タンパク質とカルシウムやマグネシウムのような無機物が結合したもの）などは，一度アルカリ洗剤使用後にすすぎを実施，その後酸性剤（硝酸，過酢酸など）の洗浄によるタンパク質の除去洗浄を行う

④ すすぎ：温水（40〜50℃）により，取れた残渣を洗い流す．必要に応じ，殺菌洗浄，すすぎを行う．また，必要に応じ，アレルゲン検出キットやタンパク質検出キットなどによって，汚れのないことを確認する

⑤ 脱水・乾燥：乾燥やふき取りなどによる水分の除去を行った後，必要に応じアルコール消毒などを行う

なお，やむを得ず圧縮空気吹き付けや高圧水洗浄で清掃を行う場合，残渣が飛散する恐れがあるので，系外に汚れが出ない隔壁内や囲いのある場所で行う．また，清掃用具は，表示義務アレルゲン別に区分けするか，使い捨てのものを使用する．

5.9.3 清掃後の点検システム

製造設備の清掃後，表示義務アレルゲンを含む残渣が残っていないか，点検するシステムが必要である．CIP による清掃の場合は，安定した清掃出来栄えが実現可能なことが多い．CIP は，詳細な清掃方法の確認後，一度有効な清掃手順を決定したら，ほぼ問題のない清掃方法となるはずである．洗浄清掃後のすすぎ洗浄水の清浄度を点検して記録することなどで，基本的には清掃完了である．それに対して，掃除機による吸引清掃，人の手による洗浄清掃，タオルなどによるふき取り清掃などの場合は，清掃後に残渣が付着していないかなど，細かい点検が必要である．清掃後に，清掃者とは別の者（製造現場管理者な

ど）が，設備に残渣が残っていないかなどの出来栄えの点検を行い，その結果を記録する．その点検表は，現場で現在使用されている作業点検表や生産準備点検表に入れ込むことでよい．生産品種切り替え清掃後，および終業清掃後の点検表の例を表5.3に示した．このように，アレルゲン管理製品製造後の清掃の出来映えについてダブルチェックを行い，ミスのない清掃を実現する仕組みである．

また重要管理点と思われる箇所については，イムノクロマトキット，タンパク質検出キット，ATP測定キット，ヨウ素呈色キットなどによる清浄度点検を行うことも有効である．いくつかのキットが発売されているが，工場の現場製造担当者が数値や色彩によって容易に良否判断ができること，アレルゲン分析の結果と概ね符合することが重要である．その一例として，「タンパク質検出キットによるアレルゲンチェック（PRO-Clean®)[2]」を図

表5.3 生産品種切り替え清掃後および終業清掃後の点検表（例）

ライン名称	生産切替アイテム	アレルゲン管理製品清掃か否か？	清掃状況 設備①	清掃状況 設備②	清掃状況 設備③	清掃状況 設備④	清掃点検者	X線検出器点検	磁石点検	次生産準備 原料	次生産準備 包材	次生産準備 印字	点検者	清掃チェック	タンパクチェック	点検者
1	A製品→C製品		○	○	○	○	相川	○	○	○	○	○	佐藤			
2	B製品→D製品	○	○	○	○	○	今田	○	○	○	○	○	佐藤	✓	OK	佐藤サイン
3	S製品→F製品		○	○	○	○	鵜飼						佐藤			
4	P製品→G製品		○	○	○	○	江本						入江			
5	K製品→L製品		○	○	○	○	加藤						入江			
3	F製品→M製品		○	○	○	○	菊池						入江			
4	G製品→H製品		○	○	○	○	熊谷						入江			
1	C製品終業清掃		○	○	○	○	駒田						赤坂			
2	D製品終業清掃	○	○	○	○	○	小阪						赤坂	×	×	赤坂サイン
3	M製品終業清掃		○	○	○	○	佐賀						赤坂			
4	H製品終業清掃		○	○	○	○	島田						赤坂			
5	L製品終業清掃	○	○	○	○	○	菅谷						赤坂	✓	OK	赤坂サイン

＜コメント＞ライン2の終業清掃において，設備③の△△箇所に残渣があった．再清掃を指示．再清掃後OKを出した．《赤坂サイン》

A製品，B製品，C製品等は生産品種を表している．設備①，設備②，設備③等は製造設備を表している．
生産順序は，ライン1ではA製品⇒C製品で生産終了．ライン2ではB製品（アレルゲン管理製品）⇒D製品（アレルゲン管理製品）で生産終了．ライン3ではS製品⇒F製品⇒M製品で生産終了．ライン4ではP製品⇒G製品⇒H製品で生産終了．ライン5ではK製品⇒L製品（アレルゲン管理製品）で生産終了．
B製品，D製品およびL製品がアレルゲン管理製品である．
アレルゲン管理製品生産終了後の清掃であれば，「アレルゲン管理製品清掃か否か？」の欄に「○」を記す．
清掃終了後に清掃者が清掃終了のチェックすると「○」を記す．次生産準備を行った者が準備終了後「○」を記す．
アレルゲン管理製品を生産後に清掃した後，清掃者とは別の製造現場管理者またはそれと同格の者がダブルチェックを行い，タンパク質検出キットを使った検査も行う．

＊PRO-Clean®は製造器具・設備の表面のタンパク汚れを測定します．

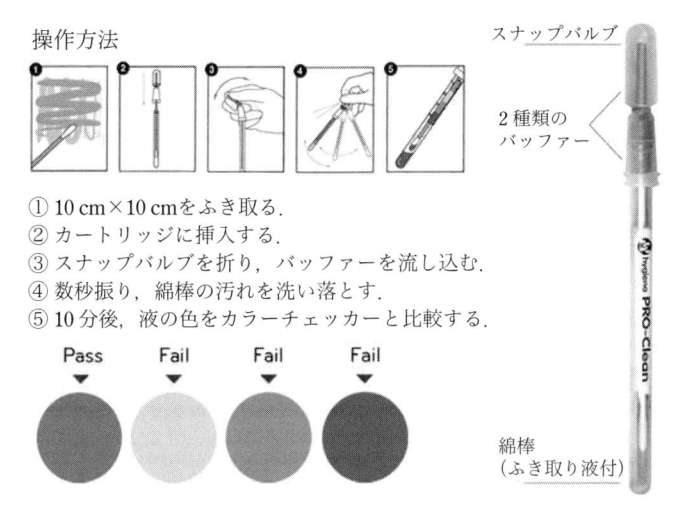

操作方法

① 10 cm×10 cmをふき取る．
② カートリッジに挿入する．
③ スナップバルブを折り，バッファーを流し込む．
④ 数秒振り，綿棒の汚れを洗い落とす．
⑤ 10分後，液の色をカラーチェッカーと比較する．

図 5.3 タンパク質検出キットによるアレルゲンチェック（PRO-Clean®）

5.3.に示す．このキットは，約10分で検査結果が出ること，タンパク質検出の有無がわかりやすいのが特長である．

5.9.4 清掃精度の検証

週1回など定期的に，製造現場管理者などが，清掃作業が的確に行われているか否かについて判断をする．さらに，アレルゲン管理部署，検査担当部署などは，年2回以上の頻度で，同一製造ラインにおいてアレルゲン管理製品から，アレルゲンを含まない製品への生産品種切り替え後のスタート製品をサンプリングしてアレルゲン分析を行う．それによって，「清掃基準書（アレルゲン）」通りの清掃ができていることを検証する．

5.10 試作品ラインテスト時の取り扱い

商品開発担当者は，大抵はアレルゲンについての基礎知識を持っており，アレルゲン対策が必要であることは理解していると思われる．しかし，実際の製造ラインでどこまでアレルゲン管理を行っていく必要があるのかを理解していない可能性がある（2章2.4参照）．

試作品作製テストを製造ラインにて行う場合は，製造現場責任者などは「試作品テスト依頼書」（試作品に含まれるアレルゲンに関する記載あり）の内容を確認する．アレルゲンに関する確認は，テスト依頼者にアレルゲン混入リスクについてのヒアリングをすることである．その結果，他ラインに表示義務アレルゲンが混入する可能性が否定できない場合は，試作テスト実施を生産終了後に行うこととする．また，製造現場責任者などは，ラインテスト時に立会い，他のラインへの交差汚染の可能性が否定できない場合，ラインテス

トの即時中止を指示する．このような措置により，テスト終了後に生産する他の製品へのアレルゲン混入を防止する．

さらに製造現場責任者などは，ラインテスト終了後の清掃に立会い，清掃内容を点検して不備があれば再清掃を指示する．このような非定常時のルール作りも重要である．

5.11 原料採用時のアレルゲン飛散防止の検討

前述した試作品ラインテストにて交差汚染が認められ，テストが中止となるような場合は，アレルゲンの飛散（原料や仕掛品などの飛散）が主な原因である．

そのような事態とならないように，商品開発担当者は原料採用前に，原料の粘度や比重などの性状を検討して，飛散の発生を未然に防ぐことが必要である．

5.12 新規製造設備導入時のアレルゲン管理

新製品開発，工場建設，設備を更新するときなどに，今までとは異なった仕様の設備を導入することがある．新規製造設備の導入前に，アレルゲン管理部署，生産技術担当者，商品開発部門担当者などは設備メーカーとよく話し合い，アレルゲンの交差汚染の可能性，洗浄・清掃方法など，アレルゲン対策について研究を行うことが必要である．また，設備メーカーに足を運んで製品の出来栄えを確認するのと同時に，原料や仕掛品が飛散する恐れがないか，清掃しにくい箇所がないかなどを確認する．

もし，設備上の問題があれば，アレルゲン混入の可能性を最小限とした仕様に変更する．アレルゲン管理部署は，生産技術担当者，商品開発担当者などが作成した「清掃基準書（アレルゲン）」案を工場など関係部署と協議の上，新規設備の「清掃基準書（アレルゲン）」を最終決定する．その後，アレルゲン管理部署は正式文書となった「清掃基準書（アレルゲン）」を製造工場に送付する．

5.13 既存製造設備のアレルゲン混入の可能性発見時の対処

工場や商品開発担当者などは，既存製造設備において表示義務アレルゲン混入の可能性があることを発見した際には，アレルゲン管理部署に報告するとともに速やかに適正な改善措置を行うことが必要である．

当該製造ラインや工程で，新たな表示義務アレルゲンを含む製品を生産することになり，今までアレルゲン準管理作業区域であったものが，アレルゲン管理作業区域に変わるときがある．また，法規改正により新たに表示義務アレルゲンが指定されることもある．この

ような変化に対して，うまく対応していけるような仕組みが必要である．

5.14 アレルゲン管理についての教育

　アレルゲン管理が現場に根付き，維持向上を図っていくためには，教育が必要である．アレルゲン管理部署担当者や製造現場管理担当者は，工場の従業員一人ひとりがアレルゲン混入防止に有効な管理運用を考え，行動に移すことができるよう指導することが必要である．そのために，工場従業員などに教育を行っていく．また，随時入社してくるパートやアルバイトの人に対して行うアレルゲンについての教育は，特に重要である．製造現場管理担当者は，安全教育などと併せてアレルゲンについての教育を行う．アレルゲン管理に関する教育について，以下に述べる．

5.14.1 工場従業員向けのアレルゲン対策の教育

　食品工場では，パート，アルバイト，転勤者，配置転換者など，次々と現場に従業員が配属される．製造現場管理担当者などは，速やかに配属された者すべてを対象に，アレルゲン管理をすべき事項について具体的に初期教育することが必要である．例えば，作業の決まり事の遵守，製造現場内で使用する用具，容器・包装などの取り扱いなど，守るべきことを指示する．

　また，製造現場管理担当者は，初期教育に加え日々の日常業務の中でアレルゲン対策の教育を行っていくことが重要である．

　アレルゲン管理部署は，各工場の全従業員向けの教育を定期的に実施することにより，アレルゲン管理の維持向上を図ることが必要である．全社レベルの研修は，社内で食物アレルギーについて最も見識のある者が全工場を回り，教育をする．

　そのカリキュラム例を以下に示す．

　① 食物アレルギーの基礎知識
　② アレルギー表示制度の概要
　③ アレルゲン関連の事故例と検討事項
　④ アレルゲン対策についての他社技術情報
　⑤ 自社の「アレルゲン混入防止基準」（本基準などを参考にした自社独自のアレルゲン管理の決まり事を記載したもの）の説明とポイント
　⑥ 会社全体のアレルゲン対策の取り組み状況（会社方針，新規導入設備の対策など）

　また，これら概論とは別に，当該工場特有の具体的なアレルゲン対策を説明するようにする．

　⑦ 当該工場の原料取り扱い上のアレルゲン対策のポイント

⑧ 当該工場の生産中のアレルゲン対策のポイント
⑨ 当該工場の清掃中のアレルゲン対策のポイント
⑩ アレルゲン管理製品生産後に行った生産品種切り替え清掃後,生産スタート時の製品のアレルゲン分析結果の発表と注意点

⑦〜⑩については,当該工場の具体的な例を挙げながら教育をすることが有効である.

また,工場監査結果(詳細は本章 5.16 参照)について報告して,良い点,悪い点を具体的に指摘する.例えば,「□□□機械の清掃が不十分だったので,掃除の仕方をこのように改善しましょう」といった内容である.それらに加え,他工場の良い例を発表して社内全体のアレルゲン対策の技術共有化と底上げを図ることも,教育の一環として取り入れたい.

5.14.2　製造現場の清掃教育

工場内の製造設備について,製造時にうまく操作するために行う教育・訓練は必要不可欠である.それと同様に,清掃をミスなく実施するための教育・訓練が必要である.その例を,図 5.4 に示した.

まず,本社部門から各工場に清掃基準書が送られ,製造設備の大まかな清掃方法が明確になる.工場では,製造現場責任者が現場の教育指導者に,清掃手順書の作成を指示する.製造現場責任者は,作成された清掃手順書の案に沿って実際に清掃作業を実施してみる.そして,清掃ミスが起こりにくい作業内容となっていないか,作業者が理解しやすい文書と

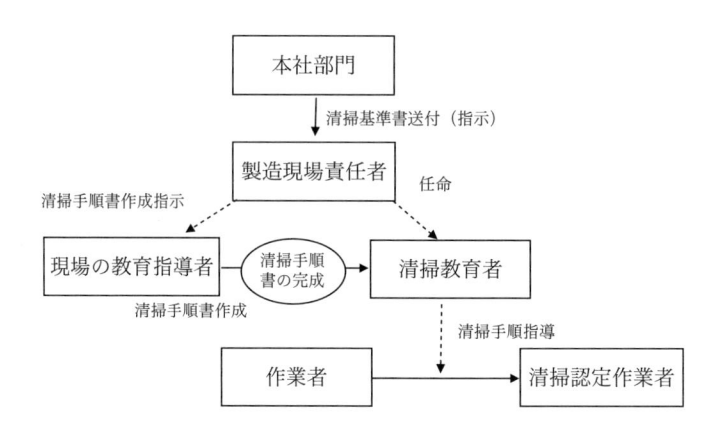

図 5.4　清掃認定システム

・製造現場責任者は,現場の教育指導者に清掃基準書に基づいた清掃手順書作成を指示する.
・製造現場責任者は,作成された清掃手順書の内容確認を行った上で,承認をする.
・現場の教育指導者は「清掃教育者」となり,承認された清掃手順書に基づき清掃作業の指導を行う.
・清掃教育者は,清掃認定評価書に基づいて清掃手順書通りできることを確認した作業者を,「清掃認定作業者」に任命する.
・清掃認定作業者でない者は,清掃認定作業者の補助作業しかできない.

なっているか，などの内容確認をする．その結果に基づき，必要に応じて修正を加えた後，清掃手順書を承認する．それと同時に，製造現場責任者は現場の教育指導者を「清掃教育者」に任命する．任命された清掃教育者は，作業者の清掃教育を行う．教育が概ね修了した後，清掃教育者は「清掃認定評価書」（清掃基準書通り清掃が確実に行われているかについて，評価基準を記述したもの）に基づき，作業者に対して清掃認定試験を実施する．作業者は，それに合格したら「清掃認定作業者」として一人前と見なされ，清掃を任される．不合格となった作業者は清掃認定作業者の補助作業しかできない．

また，清掃教育指導の仕方も重要である．製造現場の清掃教育の考え方について，以下に示す．

① 製造現場責任者は，指導すればだれでも清掃が完璧にできる設備仕様とする義務を負う
② 清掃教育者は，各設備や装置の清掃を行う可能性のある従業員全員に同等の教育を実施する．これによって，欠員のあった場合や非定常時の場合でも同等な清掃の出来栄えとなる
③ 教育は，OJT（On the Job Training：仕事中，仕事遂行を通して訓練をすること）にて実施する
　清掃教育者は，「してみせる」「言って聞かせる」「させてみる」「うまくいっているかフォローする」といった指導で清掃教育を行う．また，作業者の清掃方法の考えや意見にも耳を傾け，意思疎通を図る
④ 清掃方法の理由を説明する
　「清掃精度を高める」「二度手間のかからない清掃を行う」「清掃スピードを速める」など，作業者に清掃手順のポイントとその理由を説明して，その意味合いを理解してもらう．そのことが，清掃精度向上や清掃の手抜きの防止につながる
⑤ 初心者には，清掃スピードよりも確実な清掃を行うよう指示する

5.15　工場製造現場管理者のアレルゲン管理のためのポイント

ここまでアレルゲン管理について述べてきたが，少し角度を変えて，工場の製造現場管理者や工場品質保証部門担当者などが，日々の業務進行に応じたアレルゲン管理の確認すべき内容について解説していく．その内容については，表5.4～5.8のチェックリストを参照しながら検討していただきたい．本チェックリストは，アレルゲン管理作業区域について確認しなければならない内容を中心に作成した．その内容は，目視点検や各種の生産に関する現場日報類と生産に関するシステムデータとの照合など，なるべく短時間でできる内容とした．チェックリストは，チェック者自らが現場作業を見ながら苦労して作成して

いくのが本来の姿である．本書の内容はあくまで参考に留めるのみとしていただきたい．

5.15.1 生産中の管理ポイント

　生産中の作業状況について確認するべき内容を，表5.4に示した．生産中のアレルゲン混入リスクについて検討すべき点は，次の2つである．

　① 原料，包材を間違えないで使用する

　② 原料，仕掛品が他のラインの製品に混入しないようにする

　この2つは多量のアレルゲン混入につながる可能性があるので，そのような間違いが起

表5.4　生産中のアレルゲンチェックリスト（例）

No.	チェック項目
1	生産計画担当が作成した生産スケジュールと実際の製造現場の生産進行内容が合致しているか？
2	X製造工程において，従業員はアレルゲン管理のための動線を守って行動しているか？（工程ごとに確認）
3	生産設備Bから仕掛品の落下，こぼれ，飛散はないか？（必要に応じ設備ごとに確認）
4	X製造工程D入口衛生準備室の〇〇地点において汚れはないか？（必要チェック箇所ごとに確認）
5	原料搬入口Fの△△地点にて汚れ・残渣はないか？（必要チェック箇所ごとに確認）
6	G原料保管庫は，アレルゲン別に区分けされて整頓されているか？（原料保管庫ごとに確認）
7	G原料保管庫内で包装が破損した原料がそのまま保管されていないか？（原料保管庫ごとに確認）
8	H廃棄物一時保管庫では，廃棄物はアレルゲン別に区分けされて整頓されているか？（一時保管庫ごとに確認）
9	H廃棄物一時保管庫で使用している廃棄物運搬具は，アレルゲン別に区分けされているか？（一時保管庫ごとに確認）
10	U製造工程（アレルゲン準管理作業区域）は，‥パスカル以上の陽圧となっているか？（工程ごとに確認）
11	生産中にX製造工程の生産設備Gに取り付けてある局所排気設備は，稼動しているか？（取り付けてある設備ごとに確認）
12	A製造ラインの原料や包材の納入時の内容確認および照合が，原材料納入日報で確認できるか？（原料・包材の納入箇所ごとに確認）
13	A製造ラインの原料や包材は，社内検査合格後に工場在庫となっているか？（原料・包材の納入箇所ごとに確認）
14	X製造工程の原料や包材は，2次元バーコードシステムによる管理ができているか？（工程ごとに確認）
15	S製造工程で使用している手袋は，他の作業を行った後に新しいものを使用しているか？（手袋使用工程ごとに確認）
16	P製造工程で使用している原料，仕掛品の検査を行うためのサンプリング用具は，洗浄済みか使い捨てのものを使用しているか？（サンプリング用具使用工程ごとに確認）
17	分析担当が使用している原料，仕掛品の採取を行う用具は，原料ごとに洗浄済みか使い捨てのものを使用しているか？
18	T製造工程（アレルゲン汚染作業区域）にて作業後，他の工程にて作業を行う場合は，作業服および作業帽子などに着替えて次の作業に移っているか？（アレルゲン汚染作業区域ごとに確認）
19	X製造工程中の製造設備Jにアレルゲンの表示が正しくされているか？（表示している設備ごとに確認）
20	X製造工程中の運搬用具にアレルゲンの表示が正しくされているか？（表示している運搬用具ごとに確認）
21	Q製造工程の包装不良品は，生産中に正しく廃棄処理されているか？（必要包装工程ごとに確認）

こらないよう細心の注意が必要である．本章5.3.4項では，2次元バーコードを用いた方法を説明した．しかし，識別管理システムの導入が可能な食品会社は多くはないであろう．そのような場合，生産中に一つひとつ点検していく必要がある．

5.15.2 清掃時の管理ポイント

アレルゲン管理製品生産後の清掃状況を確認するべき内容を，表5.5に示した．清掃中のアレルゲン混入リスクについて検討すべき点は，次の2つである．

① 人の手作業で行う清掃作業の出来栄えのばらつきを減少させる

② 清掃後の点検システムを有効に働かせる

これらの確認のため，製造現場をチェックしていく．最終的なチェックは，製造現場管理者などが確認をすることで，不具合のある製品が出荷されないようにする．

表5.5 清掃時のアレルゲンチェックリスト（例）

No.	チェック項目
1	当該製品の生産に用いた原料，包材で，次の生産に不必要なものは，識別処理をして元の原料，包材保管庫に保管されているか？
2	当該製品の生産に用いた原料，包材で，次の生産に使用するものは，清掃終了までカバー等を掛けて所定の場所に準備・保管されているか？
3	在庫となった仕掛品は，識別処理を行うとともに，使用期限等を明記して仕掛品保管場所に保管されているか？
4	廃棄すべき製品不良品，包装不良品は適切に処理して現場に残らないようにしているか？
5	清掃手順書（アレルゲン）に準じた清掃方法を行っているか？
6	清掃終了後に，清掃実施者とは別の監督者が清掃の出来栄えを確認しているか？
7	清掃終了後に検査指定場所において，タンパク質検出キット*を用いた検査結果が記録されているか？
8	清掃終了後に次の生産に必要な原料や包材を製造現場に持ち込んでいるか？（清掃中は不可）
9	S製造工程で使用している手袋は，生産品種切り替えごとに新しいものを使用しているか？
10	各製造工程で使用している用具は，生産品種切り替えごとにアルコールでふき取ったものが使用されているか？
11	各製造工程で使用しているサンプリング容器は，生産品種切り替えごとに洗浄済みのものが使用されているか？

清掃している製造工程の設備すべてについてチェックすることが望ましい．
＊タンパク質検出キットにて確認．

5.15.3 始業時の管理ポイント

清掃中の作業状況を確認するべき内容を表5.6に示した．始業時のアレルゲン混入リスクについて検討すべき点は，次の2つである．

① 前日の生産終了時の担当者との申し送りに齟齬がない

② 前日の生産終了後から生産開始までに生産ライン上にアレルゲンが付着していない

表 5.6　始業前のアレルゲンチェックリスト（例）

No.	チェック項目
1	生産計画担当が作成した生産内容と実際の製造現場の生産準備内容が合致しているか？
2	前日の作業引継書に記載されているアレルゲンに関する内容が，当日引き継がれているか？
3	A製造ラインの〇地点において残渣はないか？（重要なポイントについて確認）
4	A製造ラインの目視確認において，残渣の付着等異常が見られなかったか？
5	A製造ラインに使用予定の原料や包材は，生産予定のものと合致しているか？
6	X製造工程の製造設備Kに，始業時生産予定の製品のアレルゲンの表示が正しくなされているか？
7	X製造工程の運搬用具に，始業時生産予定の製品のアレルゲンの表示が正しくなされているか？

各工程の必要チェック箇所すべてを確認することが望ましい．

これらの確認のため，製造現場をチェックしていく．

5.15.4　定期的な点検ポイント

日々点検するほどの内容ではないが，定期的な点検をするべき内容を表5.7に示した．

表 5.7　定期的な点検項目（例）

No.	チェック項目
1	P製造工程の給気設備フィルターにタンパク質*が付着していないか？
2	P製造工程の全体排気設備フィルターにタンパク質*が付着していないか？
3	P製造工程のB局所排気設備はC原料（アレルゲンを含む粉体）を捕捉する能力を有しているか？
4	P製造工程の室内空気循環型の空調設備のフィルターにタンパク質*が付着していないか？
5	生産設備保守担当が使用している工具は，日々洗浄後のものを使用しているか？

各工程の必要チェック箇所すべてを確認することが望ましい．
＊タンパク質検出キットにて確認．

5.15.5　非定常時の点検ポイント

非定常時に点検するべき点を表5.8に示した．非定常時のアレルゲン混入リスクについて検討すべき点は，次の3つである．

表 5.8　非定常時の点検項目（例）

No.	チェック項目
1	トラブル発生時に取り置きした仕掛品は，ルール通り管理されているか？
2	機械の保守点検実施時に，分解した機械に残渣が付着していないか？
3	製造ラインを用いた新製品試作テスト時に，ライン上でアレルゲンの飛散などの可能性はないか？
4	製造ラインを用いた新製品試作テスト終了時に，清掃は適切に行われたか？
5	新規設備導入時には，生産技術担当者および商品開発担当者等とアレルゲン混入の可能性について確認して，不具合のないことを確認しているか？
6	既存製造設備において表示義務アレルゲン混入の可能性が発見された際には，アレルゲン管理部署に報告するとともに速やかに適正な改善措置を行っているか？

① 製造現場責任者は，トラブル発生時に不具合が発生しないよう配慮する
② 製造現場責任者は，新製品試作テスト時に必ず立会い，実際に本生産となったときに不具合が発生しないか確認をする
③ 製造現場責任者は，新規の生産設備を導入するとき，アレルゲン対策済みのものであることを確認する

5.16　アレルゲン管理状況についての監査

　製造現場責任者は，月1回など定期的に「生産中のアレルゲン管理を適切に行っているか」，「アレルゲン管理製品の清掃を清掃手順書通り実施しているか」などについて監査を行うことにより，アレルゲン管理の維持向上を図っていく．製造現場責任者がライン稼動時だけでなく，清掃時など非定常時に現場確認することは，管理業務の重要なポイントの1つである．また，月1回，半年に1回などの頻度で行う清掃やメンテナンス実施時の現場確認も，アレルゲン混入防止の観点から重要である．

　アレルゲン管理部署は，定期的（年2回など）に各工場内のアレルゲン管理が適切に行われているか監査を行う．この監査は，工場従業員向けの教育実施前に行うと効果的である．

　特に，"ある工場でアレルゲン混入リスクの高い製造設備がある""工場によってアレルゲン管理方法に違いがある"など工場によって管理レベルにばらつきが生じているのは問題である．アレルゲン管理部署は，管理レベルの低い工場に足繁く通って監査を行い，設備改善，管理方法の平準化および管理向上の支援を行う必要がある．

5.17　アレルゲンの注意喚起表示の検討

　アレルゲン管理部署は，各工場のアレルゲン管理状況を見て，製品のパッケージにアレルゲンの注意喚起表示の必要性がないかどうか検討を行う．製品に使用していない表示義務アレルゲン混入の可能性が否定できない場合は，製品群ごとに商品パッケージのアレルゲンに関する注意喚起表示をするよう，当該商品開発担当者などに指示する．注意喚起表示が必要ないと判断できるものを以下に挙げる．
① 専用工場や専用ラインの場合は，外部からの交差汚染がなければアレルゲン混入リスクは低い
② 製造ラインすべてがアレルゲンを含まない原料で構成されている製品であり，外部からの交差汚染がなければアレルゲン混入リスクは低い
③ 製造ラインすべてが同一のアレルゲンを含む原料で構成されている製品であり，外

部からの交差汚染がなければアレルゲン混入リスクは低い
④ アレルゲン管理作業区域内での生産であるが,アレルゲン管理がしっかりできている

■ 参考文献
1) オムロン フィールドエンジニアリング株式会社　HP
2) AR BROWN CO., LTD.　HP

6章 食品製造現場のアレルゲン対策の進め方と改善の優先順位の決定

食品会社の工場内のすべての区域において，アレルゲン管理は何らかの形で必要である．しかし，工場製造現場のアレルゲン対策を行う前の状況下では，設備や管理運用について問題点がいくつもあり，どのような順序で管理をしたらよいのか考えあぐねてしまうことも多いであろう．

食品製造現場のアレルゲン対策を進めていきたいと考えている方（以下，アレルゲン対策担当者と称す）が，アレルゲン対策を漏れなく，一歩一歩行っていく手順を述べる．

① アレルゲン混入リスクの予備調査を行って，問題点を明らかにする
② アレルゲン混入リスクの内容から，会社としての対応方針を決定する（アレルゲン対策プロジェクト設立の必要性の検討やアレルゲン管理部署の設置など）
③ 詳細なアレルゲン混入リスクを抽出する
④ 設備改善（ハード面の改善）の検討・実施を行う（5章5.2および7章参照）
⑤ アレルゲン管理手段（ソフト面の改善）の検討，運用を行う（5章参照）
⑥ アレルゲン管理の有効性の検証を定期的に行う（5章5.14参照）

これらのうち，本章では①〜③までを中心に，4章，5章に引き続き，表示義務アレルゲンを対象としたアレルゲン対策の進め方について述べていきたい．

6.1 アレルゲン混入リスクの予備調査

アレルゲン対策担当者は，自社の製造現場内のアレルゲン混入リスクについて予備調査を行うことにより，アレルゲン対策の方針が立てやすくなる．その調査手順を述べる．

6.1.1 製品生産品目などによるアレルゲン混入リスクの検討

アレルゲン対策担当者は，現在生産している製造ラインごとに，机上でアレルゲン混入リスクについて検討してみる．大まかなアレルゲン混入リスク評価の区分として，下記の3つがある．

① 専用工場：1つの製品のみ生産する工場
② 専用ライン：工場内では複数の製品を生産しているが，当該ラインは1つの製品の

表6.1 製造ラインの違いによる表示義務アレルゲンの混入リスク相対評価

| No. | 工場内生産品目区分 | アレルゲン混入リスク |||
		専用工場	専用ライン	兼用ライン
1	すべての製品にアレルゲンが含有せず	リスク低い	リスク低い	リスク低い
2	すべての製品に，同一のアレルゲンが含有			
3	製品に含まれるアレルゲンは複数 その濃度はすべて 10 µg/g 未満	該当なし	リスクあり（他のラインの原料からの混入）	リスクあり（他のラインの原料，仕掛品からの混入）
4	製品に含まれるアレルゲンは複数 その濃度が 10 µg/g 以上のものが複数存在	該当なし	リスクあり（他のラインの原料，仕掛品からの混入）	リスク高い（同一ラインや他ラインの原料，仕掛品からの混入）

アレルゲン：乳・卵・小麦・そば・落花生・えび・かにの7つの表示義務アレルゲンを指す．
リスク：表示義務アレルゲン混入リスクを指す．
専用工場：1つの製品のみ生産している工場である．
専用ライン：工場内では複数の製品を生産しているが，当該ラインは1つの製品のみ生産している．
兼用ライン：工場の当該ラインは，複数の製品を生産している．

み生産している

③ 兼用ライン：工場の当該ラインでは複数の製品を生産している

　製造ラインの違いによる表示義務アレルゲンの混入リスク相対評価を，表6.1に示す．アレルゲン対策担当者は，それぞれの製造ラインで，表示義務アレルゲン混入リスクのある工程の範囲について明確にする．そのために，当該製造ラインに使用されている原料すべてを特定して，その原料に含まれるアレルゲンを調査する．そしてその原料は，どの製造工程で使用されているのか調査をする．

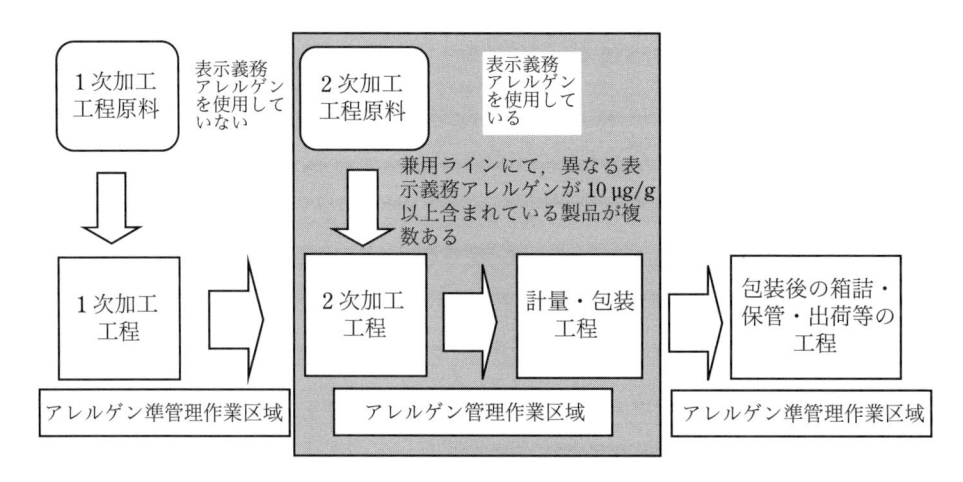

図6.1 アレルゲン混入リスク範囲特定の概念図（兼用ライン）

各製造ラインにおいて，兼用ラインで異なる表示義務アレルゲンが 10 μg/g 以上含まれている製品が複数ある場合は，それらをアレルゲン管理作業区域としてアレルゲン管理をしていく．

各製造ラインのリスク評価の例として，図 6.1 にアレルゲン混入リスク範囲特定の概念図を示した．この例では，1 次加工工程が兼用ラインであるが表示義務アレルゲンを使用しておらず，アレルゲン準管理作業区域となり，2 次加工工程および計量・包装工程がアレルゲン管理作業区域となる．

6.1.2 有識者への聞き取り調査

アレルゲン対策担当者は，自社の各製造ラインにおいてアレルゲン混入リスクがどの程度あるのか，社内有識者へ聞き取り調査を行う．例えば，商品開発担当者は原料や製造方法に精通しているので，原料の特性や製造方法の面からアレルゲン混入リスクについてアドバイスをもらえることが多い．また，生産技術担当者は工場建設時，工場設備更新時，新製品開発時などのライン設計や設備導入に関わっているので，設備面からアレルゲン混入リスクについてアドバイスをもらえることが多い．また，必要に応じ，アレルゲンに関する外部有識者などを招聘して，アドバイスを受けることも検討したい．

6.1.3 生産中や清掃中のアレルゲン混入リスクの現場確認

アレルゲン対策担当者は，これらの聞き取り調査後，各工場を訪問してアレルゲン混入リスクについて実際に現場確認をしていく．その場合，当該工場の生産計画や製造に関わる業務に精通している人と一緒に確認していくことで，リスクの抽出がうまくいくことが多い．

現場確認は，生産時および清掃時に，下記について検討することとなる．

① 建物・製造設備等の面から，アレルゲン混入リスクはないか
② 原料や仕掛品の取り扱い，管理の面からアレルゲン混入リスクはないか
③ 人為的な面から，アレルゲン混入リスクはないか

6.1.4 アレルゲン混入リスクの予備調査結果の評価

これらの調査結果に基づいて，製造ラインごとに表示義務アレルゲンのリスクについて検討した例を，表 6.2-1〜6.2-4 に示した．ただし本例は，他ラインからの表示義務アレルゲン混入リスクについては考慮に入れていない内容となっている．

例示の食品会社では，A, B, C, D の 4 つの商品群製造ラインに分かれており，すべて兼用ラインとなっている．また，それぞれの商品群ラインは，1 次加工工程の次に 2 次加工工程があるというライン構成となっている．また，単純化するため，包装関係の工程も

表 6.2-1 表示義務アレルゲン混入リスク評価表（A商品群ライン例）

	配合されている表示義務アレルゲン						表示義務アレルゲン混入に関する検討	表示義務アレルゲン混入の可能性
	小麦	乳	卵	そば	落花生	えび	かに		
1次加工ライン						■		「小麦」「えび」がすべての製品原料に配合されており、10 μg/g以上含まれている。「えび」に「かに」の混獲による混入のおそれがある。	低い（ただし、かにの混獲による混入の可能性あり）
2次加工ライン	■	■	■				■	1次加工にて「小麦」「えび」がすべてに配合されている。2次加工にて「小麦」「乳」「卵」について10 μg/g以上含む製品がある。包装機械に清掃困難箇所がある。	高い（乳、卵、かに）

表 6.2-2 表示義務アレルゲン混入リスク評価表（B商品群ライン例）

	配合されている表示義務アレルゲン						表示義務アレルゲン混入に関する検討	表示義務アレルゲン混入の可能性
	小麦	乳	卵	そば	落花生	えび	かに		
1次加工ライン	■							「小麦」がすべての製品原料に配合されており、10 μg/g以上含まれている。	低い
2次加工ライン	■		■					1次加工にて「小麦」がすべての製品原料に配合されている。2次加工にて「卵」の配合されているのは、すべて1 μg/g未満の製品である。	低い

表 6.2-3 表示義務アレルゲン混入リスク評価表（C商品群ライン例）

	配合されている表示義務アレルゲン						表示義務アレルゲン混入に関する検討	表示義務アレルゲン混入の可能性
	小麦	乳	卵	そば	落花生	えび	かに		
1次加工ライン								表示義務アレルゲン使用なし。	低い
2次加工ライン	■	■	■					2次加工にて「小麦」「乳」「卵」について10 μg/g以上含まれる製品がある。○○工場嚢送ラインに清掃困難箇所がある。包装機械に清掃困難箇所がある。	高い（小麦、乳、卵）

表 6.2-4 表示義務アレルゲン混入リスク評価表（D商品群ライン例）

	配合されている表示義務アレルゲン						表示義務アレルゲン混入に関する検討	表示義務アレルゲン混入の可能性
	小麦	乳	卵	そば	落花生	えび	かに		
1次加工ライン		■						「乳」を10 μg/g以上含む製品と含まない製品が混在している。	高い（乳）
2次加工ライン		■						2次加工にて表示義務アレルゲン使用なし。しかし、1次加工にて「乳」を10 μg/g以上含む製品がある。	高い（乳）

例示の食品会社では、A、B、C、Dの4つの商品群製造ラインに分かれている。また、すべて兼用ラインである。1次加工工程の次に2次加工工程があるというライン構成となっている。
本リスク評価表は他ラインからのアレルゲンの混入については考慮に入れていない。
■：当該アレルゲンが10 μg/g以上含まれているものが生産されている。

2次加工工程に入れ込んだ内容とした．

これらの表においては，当該アレルゲンを含む原料をそのラインで製造する生産品種の一部，または全部で配合されている場合は「■」で示している．例えば，表6.2-2のB商品群ラインの1次加工ラインでは，小麦アレルゲンを含む原料が配合されているので，小麦の欄が「■」で示されている．

まず，1次加工工程のアレルゲン混入リスクについて検討してみる．

表6.2-1のA商品群製造ラインは，小麦，えびを含む製品原料を使用しており，アレルゲン管理作業区域となるが，同一アレルゲンのみを使用しているので，アレルゲン混入リスクは低い．「かに混獲」の問題については，調査の上，パッケージ注意喚起表示をすることで対処したい．

表6.2-2のB商品群製造ラインは，アレルゲン管理作業区域となるが，同一アレルゲンのみを使用しているので，アレルゲン混入リスクは低い．

表6.2-3のC商品群製造ラインは，表示義務アレルゲンを含む原料を使用していないため，アレルゲン混入リスクは低い．

表6.2-4のD商品群製造ラインは，アレルゲン管理作業区域となり，アレルゲン混入リスクは高い．

次に，2次加工工程のアレルゲン混入リスクについて検討してみる．A, C, D商品群製造ラインはアレルゲン管理作業区域であり，アレルゲン混入リスクは高い．B商品群製造ラインについては，アレルゲン管理作業区域ではあるが同一アレルゲンを含む製品のみを使用しているので，アレルゲン混入リスクは低い．

このような考え方で，アレルゲン対策の優先順位を決めていく．

6.2 アレルゲン対策プロジェクト設立の検討

これまでも述べてきたが，アレルゲン対策を一つひとつ実行していく仕事は，結構手間がかかる．アレルゲン混入リスク予備調査をした結果，次のような不具合が発見されれば，組織横断的な「アレルゲン対策プロジェクト」を立ち上げて改善を進めるべきである．

① ある製造工程において，アレルゲンのコンタミネーションの発生事実を発見した
② 設備に不備があるが，なかなか良い改善案が見つからない
③ 従業員の中でアレルゲンに対する意識レベルが低い者がおり，アレルゲン管理を行っていくのが難しい

表6.2-1や表6.2-3の例では，清掃困難箇所が発見されている．このような状況の食品会社では，プロジェクトを立ち上げて改善活動を行っていくべきと考える．

アレルゲン対策担当者は，会社の経営陣にプロジェクト計画書（プロジェクトの目的，目

標，事前調査結果と課題，組織，改善対象範囲，スケジュール，予算などを記載したもの）を提出して承認をもらう．プロジェクトの活力を生み出す力はいろいろあるが，一番のポイントは経営陣のやる気である．経営陣に，アレルゲン対策の重要性とその課題について認識してもらい，後押しをしてもらうことが必要である．

アレルゲン対策担当者は，プロジェクト承認が得られたら，組織編制を行う．プロジェクト組織の例を図6.2に示した．アレルゲン対策プロジェクトの組織は，本部を本社に置き，管掌役員，プロジェクトリーダー，商品開発担当者，アレルゲン分析について見識がある者，生産システム担当者，生産技術担当者，予算管理やプロジェクト進捗管理の担当者などがメンバーとして考えられる．

プロジェクトリーダーは，工場に指示や依頼をすることになるので，社内で政治力や技術力を兼ね備えた者が担当することが適当である．生産システム担当者は，工場生産方式や生産計画の立て方でアレルゲン混入リスクが大幅に減少する可能性があるので，メンバーに入ってもらう必要がある．生産技術担当者や商品開発担当者は，設備設計時や商品設計時のアレルゲン対策について検討してもらう．アレルゲン分析担当者またはアレルゲン分析技術について見識のある者には，アレルゲン検査の仕組みについて検討してもらう．

また，各工場に製造現場との情報の橋渡し役として，工場担当者を設ける．そしていくつもの工場がある会社では，モデル工場を選定して改善を進めていき，有効であった改善内容を全工場に展開することが早道と考える．モデル工場においても，ある一定期間は「工場内アレルゲン対策プロジェクト」を組織化して，活動していくことが有効である．

プロジェクトが立ち上がったら，プロジェクトの目的，目標，予備調査結果と課題など，プロジェクト設立までに得た情報をメンバーすべてで共有化する．その後，メンバー全員により詳細なプロジェクト計画を練り上げ，立案後，活動を行っていくことが肝要である．また場合によっては，食物アレルギーの知見や製造現場の改善について見識のある外部有識者を招き，指導を仰ぐことで改善活動の活性化を図っていくことも必要である．

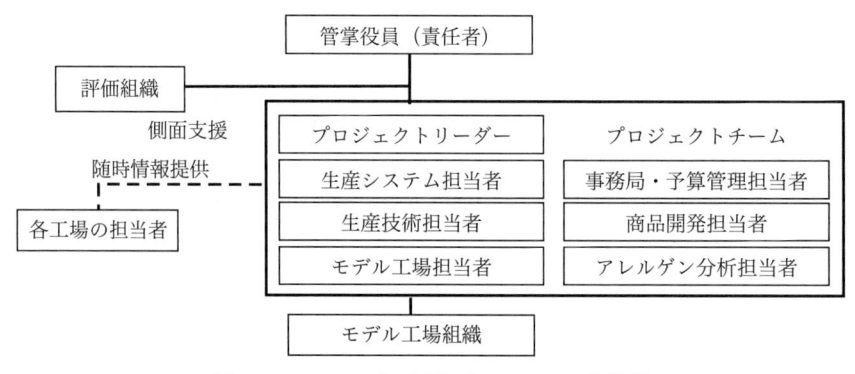

図6.2 アレルゲン対策プロジェクト組織例

6.3 アレルゲン混入リスク評価

　製造現場内のアレルゲン混入リスクの評価法について検討してみたい．一般に食品の危害分析，リスク評価をしていく手法として，HACCP手法がある．今回はこの手法に加え，不具合発見の手法として，「(仮称) アレルゲンマップ」と称する手法を用いた例を紹介したい．本論は，この2つの手法を用いて，漏れのないアレルゲン混入リスクの評価法，改善の優先順位のつけ方について解説する．

6.3.1　HACCPシステムによるアレルゲン混入リスク危害分析

　消費者庁の「アレルギー物質を含む加工食品の表示ハンドブック」に示されている，「冷凍コロッケ[1]」を改変したもの（3章3.4.2参照）を用いて，HACCP手法によるアレルゲン混入リスク評価について解説していきたい．なお，危害分析については，ISO22000の手法を用いた[2]．

　HACCP手法の手順[3]は，以下のようである．

　　手順1：HACCPチームを編成
　　手順2：製品の記述
　　手順3：意図する用途および対象となる消費者の確認
　　手順4：フローダイアグラムを作図
　　手順5：フローダイアグラムに基づく現場確認
　　手順6：危害分析（原則1）
　　手順7：重要管理点（CCP）の決定（原則2）
　　手順8：各CCPについて管理基準を設定（原則3）
　　手順9：各CCPに対するモニタリング方法を設定（原則4）
　　手順10：改善措置を設定（原則5）
　　手順11：検証手順を設定（原則6）
　　手順12：記録と保存方法の設定（原則7）

この中で，CCPの決定（手順7）までを説明する．なお，手順1のHACCPチームの編成は，先述した6.2節「プロジェクト設立の検討」を参考にしてほしい．

［手順2］　製品の記述　　［手順3］意図する用途および対象となる消費者の確認

　手順2と手順3の例を，表6.3に示した．アレルゲン関連では，鶏ミンチの卵アレルゲンの件，パン粉に配合されている豚脂，牛脂に含まれているタンパク質含有量について表示をしないこととした経緯など，アレルゲン関連についてもいくつか記載している．

表6.3 「商品名：スーパー○○冷凍ポテトコロッケ」の製品の特性（例）

様式NO.	様式名	様式制定日	様式最新改定日	承認	審査	作成
様式733-002-001	製品の特性表	2012.01.05	2013.03.03	E.F	C.D	A.B

製品群名	製品名	作成日	最新改定日	承認	審査	作成
コロッケOEM	「スーパー○○冷凍ポテトコロッケ」	2012.01.20	2015.02.03	K.L	I.J	G.H
改定理由	スーパー○○より小分けタイプのものにするよう指示を受けた．					

項目	特性
名称	冷凍ポテトコロッケ
原材料名	野菜（ばれいしょ（遺伝子組換えでない）、たまねぎ）、衣（パン粉、小麦粉、植物油脂、でん粉、粉状植物たんぱく（大豆を含む））、食肉（牛肉、鶏肉）、砂糖、小麦粉、みりん、しょうゆ、粒状植物たんぱく、マーガリン、脱脂粉乳、牛脂、食塩、白こしょう、揚げ油（なたね油）
添加物	調味料（アミノ酸）
原料原産地	「ばれいしょ」が対象（北海道産　一括表示欄に別途記す）
衣の比率	32.3％（表示必要なし）
内容量	160 g（8個入り）
賞味期限	18ヶ月
保存方法	保存温度－18℃以下　　表示：－18℃以下の冷凍庫で保存してください．
凍結前加熱の有無	加熱しています．
凍結後加熱の必要性	加熱して召し上がってください．
販売者	スーパー○○株式会社
製造工場	神奈川県　▽▽市　黒浜山 23-2-1
「油で揚げています」表示	商品名に隣接した位置に表示：油で揚げています（16ポイント）
販売先	スーパー○○　OEM商品
意図する用途	OEM商品　（少人数家族向け　弁当惣菜（推定））
製品特性	加熱後摂取冷凍食品（加熱済み）　電子レンジ加熱して喫食
調達原材料	馬鈴薯，パン粉，キャノーラ油，牛肉，たまねぎ，小麦粉，砂糖，鶏ミンチ，みりん，しょうゆ，粒状植物性たんぱく，マーガリン，キャノーラ硬化油，コーンスターチ，脱脂粉乳，牛脂，食塩，粉状植物たんぱく，L-グルタミン酸ナトリウム，白こしょう
調達添加物	L-グルタミン酸ナトリウム
アレルゲン	小麦，乳，牛肉，大豆，鶏肉
原料ベースでのアレルゲンの混入検討事項	鶏に含まれる卵アレルゲンについて調査した結果，製品ベースで最高 0.8 ppm の混入可能性の確認済み（アレルゲン関連報告 2010-129 参照），パン粉に含まれている豚脂，牛脂に含まれているたん白質について原料会社に問い合わせをしたところ，製品ベースで最高 0.1〜0.2 ppm であることを確認済み（アレルゲン関連報告 2012-130 参照）
アレルゲン混入リスク判断	フライラインにつき，フライ油からのコンタミネーション発生を否定できないので，注意喚起表示を行う．
アレルゲン注意喚起表記	本品は卵，えび，かにを含む製品と共通の設備で製造しています．
製品品質特性	水分 65〜70％　Aw ＝ 0.96〜0.98
調理方法	電子レンジ 500W ○分　600W △分
揚げ調理済みの表示	「揚げ調理済み」の表示必要
予想される誤使用	常温で長時間放置する．
その他の注意喚起表記	溶けた後に再度凍結しますと，味，品質が低下しますのでご注意ください．
関連法令	食品衛生法成分規格：一般細菌数 10万以下 /g　大腸菌群陰性 JAS規格：揚げ油の酸価 2.5以下
顧客からの安全要求事項	一般細菌数 1万以下 /g　大腸菌群陰性 固形異物：混入していないこと（φ1 mm 以下混入のないことを保証）
SDS添付の必要性	なし
包装容器材料構成・リサイクル法表示	ピローパウチ：OPP//VM-LLDPE　　表示 PP・PE トレイ：PP（小分けミシン入り形状）　　表示 PP

消費者庁：加工食品製造・販売業のみなさまへ，アレルギー物質を含む加工食品の表示ハンドブック（平成26年3月改訂）を改変して作成．

［手順4］　フローダイアグラムを作図

手順4の例を，図6.3に示した．これによって，大まかな工程の流れがわかる．

本冷凍ポテトコロッケの衣以外（以下，具材と称す）の工程の流れについて説明する．馬鈴薯は，皮むきして痛んでいるところを除去して蒸す．その他の肉，たまねぎおよび副原料は，一緒に蒸煮混合する．そして，蒸された馬鈴薯，肉，たまねぎおよび副原料とマーガリンなどの油脂類を撹拌混合して具材の完成である．

衣の工程については，パン粉以外は混合して成形した具材に衣付けする．その後，パン粉を付けてフライするという流れとなっている．成形以前の各種仕掛品はバッチ処理されており，専用の台車によって運搬される．

成形以降については連続ラインとなっており，実際には搬送設備が加わることになる．フライ以降は，予備冷却後スパイラルフリーザーで冷凍，トレイ詰めしてX線検出器を通って包装する．包装後は重量チェックを経た後，出荷倉庫へ運ばれるという流れとなっている．冷凍コロッケの実際のラインはもっと複雑であろうが，あくまでアレルゲン対策の例として示したので，ご容赦願いたい．

ここで気になるのは，フローダイアグラムに運搬台車などの運搬用具や搬送設備などを用いた工程間の搬送について記載がないことである．5章5.2.3で述べた通り，HACCPシステムでは，運搬用具や搬送設備などは一般的衛生プログラム（PP, PRP：Prerequisite programs）として簡単に片付けられている．また，HACCPシステムのフローダイアグラムにも出てこないことが多い．しかし，著者の経験では，設備間の搬送はアレルゲン対策上，非常にやっかいなものの1つと考えている．特に，搬送距離が長く，清掃に時間がかかりそうな設備仕様のものは，要注意である．

［手順5］　フローダイアグラムに基づく現場確認

著者は，手順5がHACCP手法の中で最も難しいと考えている．なぜならば，現場確認者のリスク評価能力の違いが，その後の危害分析に大きな影響を及ぼし，危害分析の結果，本来CCPであるべきはずの事象が，見過ごされてしまう可能性があるからである．

現場確認をした後，次の危害分析について検討していきたい．

［手順6］　危害分析　　［手順7］CCPの決定

表6.4のHACCP手法に準拠した危害分析ワークシートを用いて，手順6の危害分析，手順7のCCPの決定について解説していきたい．表6.4の工程番号は，フローダイアグラムのそれぞれの工程に付けられた番号と符合させている．以下は，工程ごとのアレルゲン混入リスクについて検討した内容である．

【1】工程No.2, 3, 5, 8については，原料由来のアレルゲン混入リスクである．この中でNo.3の鶏ミンチは，卵アレルゲン混入リスクがあるので，OPRP（オペレーションPRP）として管理する（法的には「アレルギー表示しなくてよい」とされている[4]（3章

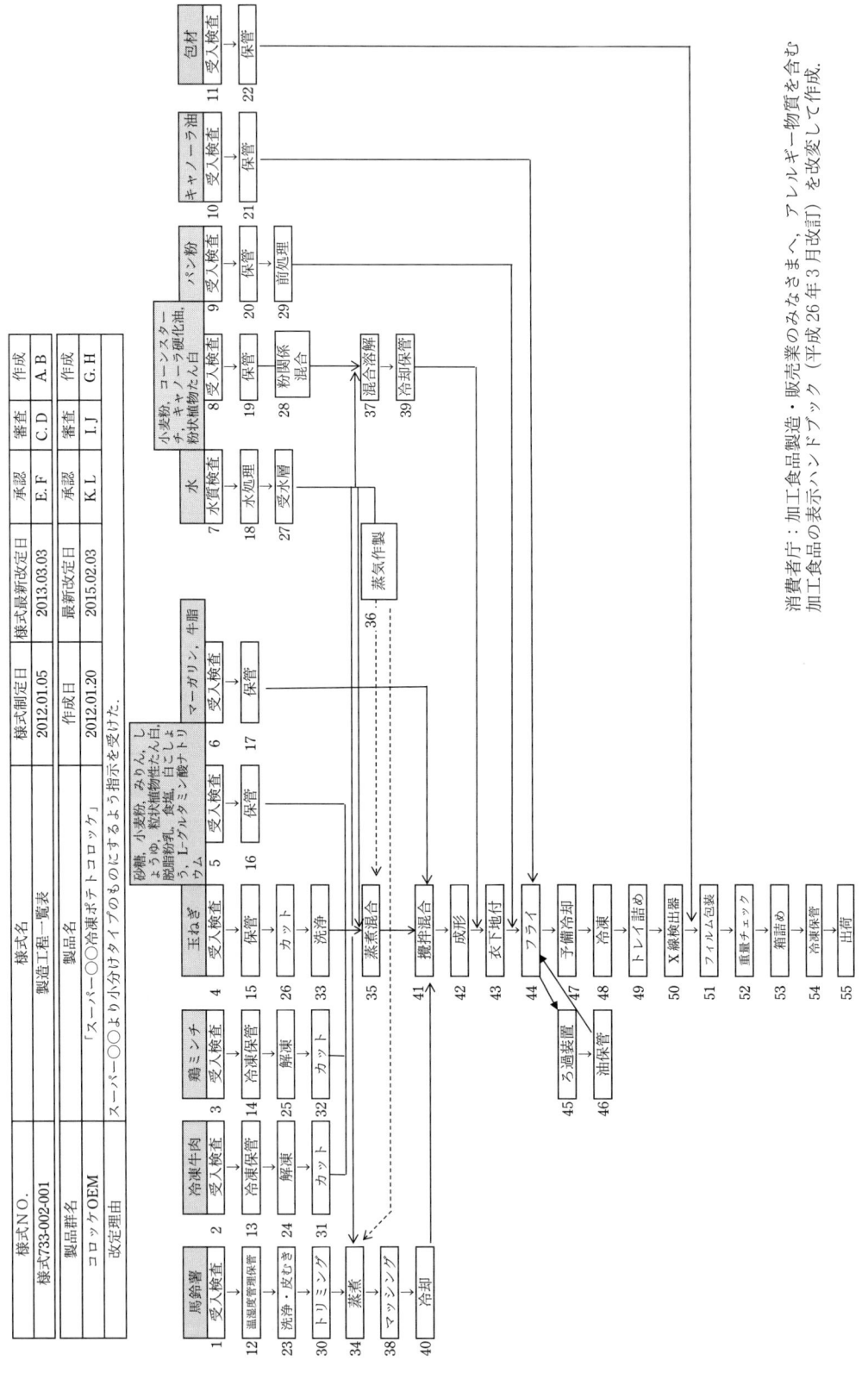

図 6.3 商品名：「スーパー○○冷凍ポテトコロッケ」のフローダイアグラム（例）

消費者庁：加工食品製造・販売業のみなさまへ、アレルギー物質を含む加工食品の表示ハンドブック（平成 26 年 3 月改訂）を改変して作成．

3.4.2）が，本書では管理が必要と考える）．鶏ミンチ中の卵アレルゲンを，自社でどの程度の頻度で分析，確認するかは，その食品会社の方針による．その他の原料はPRPとした．

【2】工程No.35の，蒸煮混合機械の小麦粉，脱脂粉乳の飛散については，局所排気設備が稼動していないと原料が投入できないインターロック機構を用いることにより，アレルゲンの系外への飛散を防止している．また，局所排気装置が小麦粉などの飛散を捕捉しているか否かの検証も必要である．本書ではOPRPとした．

【3】工程No.35の蒸煮混合機械および工程No.37の混合機械への投入原料間違いについては，重大なアレルゲン混入の可能性があるので，CCPとした．投入原料間違い防止の管理手段は，前述（5章5.3.4）の2次元バーコードを用いた方法とした．

【4】工程No.35，37，41の，蒸煮混合機械，混合機械の生産品種切り替え清掃時に，完璧に清掃できるか気になるところである．回転部の軸受け部分やジョイント部に残渣が入り込み，清掃しにくい可能性がある．本書では洗浄清掃を行った後，タンパク質検出キットで確認することとして，PRPとして処理することとした．ただ，よく機械の部品一つひとつを見て，残渣が残りやすい箇所について研究する必要がある．PRPという位置付けでうまくいくか否か確認する必要がある．

【5】工程No.16，35，41の，次工程に運搬する運搬台車に使用している容器の清掃不足によるアレルゲン混入の可能性について検討する．洗浄清掃マニュアル通りの清掃を行う，洗浄清掃後に清掃担当以外の者が点検を行うとともに，清掃後にタンパク質検出キットによるふき取り検査を実施して清浄度確認を行う．仕掛品が残った場合はすべて廃棄することで，翌日などに間違えて使用することを防止する．また，運搬台車は，当該製造ライン専用の台車となっている．本書ではPRPとした．

【6】工程No.42，43の，成形や衣付けの機械の清掃不足によるアレルゲン混入の可能性について検討する．洗浄清掃マニュアル通りの清掃を行い，洗浄清掃後に清掃担当以外の者が点検を行うとともに，清掃後にタンパク質検出キットによるふき取り検査を実施して清浄度確認を行うことで，PRPとした．しかし，成形や衣付けの機械は清掃面積が広く，汚れも落としにくいものが多いので，PRPという位置付けでうまくいくか否か，設備を細かく確認する必要がある．

【7】工程No.41〜47の搬送設備については，どのような設備を用いるかによって清掃のしやすさが異なる．例えばベルトコンベヤの場合，以前はガイドの部分やベルトの裏側などの清掃が困難なものが多かった．最近は，ベルトを簡単に取り外し洗浄できて，清掃精度が高くなるものがある．本書では，清掃しやすい仕様のものを使っているとして，PRPとした．しかし，搬送設備は清掃面積も広く，人手による洗浄に頼らざるをえないものなので，搬送設備の仕様によっては，OPRPとすべきものもあると考える．

表6.4 「スーパー〇〇冷凍ポテトコロッケ」の危害分析ワークシート例
(表示義務アレルゲン危害因子に絞って記載)

(1) 工程番号	(2) 原料/工程	(3) 危害因子	(4) 危害の根拠	(5) 管理手段	(6) CCP/OPRP/PRP
2	冷凍牛肉	牛肉以外のアレルゲンの混入	肉が細かく裁断されている部分もあり,他のアレルゲン混入の可能性	年1回の原料会社のアセスメントにより管理状況確認 年1回の検査	PRP
3	鶏ミンチ	卵アレルゲンの混入	廃鶏の中に卵アレルゲンの存在	年1回の原料会社アセスメント実施 ロット毎に原料会社に卵のアレルゲン分析の証明書を入手 年1回以上の頻度で鶏ミンチの卵アレルゲン分析実施	OPRP
5	副原料	みりん・しょうゆ・粒状植物たんぱくに含まれている以外のアレルゲンの混入	複合原料につき,他のアレルゲン混入の可能性	年1回の原料会社のアセスメントにより管理状況確認 年1回の検査	PRP
5, 8	小麦粉	小麦粉以外のアレルゲンの混入	そば粉の混入の可能性	年1回の原料会社のアセスメントにより管理状況確認 日本産の小麦を使用していないか確認 採用時及び年1回,そばの混入がないか検査	PRP
8	衣の副原料	粉状植物たんぱくに含まれる小麦以外のアレルゲンの混入	複合原料につき,他のアレルゲン混入の可能性	年1回の原料会社のアセスメントにより管理状況確認 年1回の検査	PRP
35	蒸煮混合	小麦粉,脱脂粉乳の飛散による他ラインへのアレルゲンの交差汚染	小麦粉,脱脂粉乳は粉原料であり,蒸煮混合機投入時に飛散する可能性	局所排気設備が稼動していないと原料が投入できないよう,インターロック措置 2ヶ月に1回,飛散した小麦粉,脱脂粉乳を完全に捕捉していることを検査にて確認	OPRP
35	蒸煮混合	当該冷凍ポテトコロッケ配合以外の原料を使用	配合間違いによってアレルゲンの混入の可能性	2次元バーコードシステムによる管理	CCP
37	混合溶解	当該冷凍ポテトコロッケ配合以外の原料を使用	配合間違いによってアレルゲンの混入の可能性	2次元バーコードシステムによる管理	CCP
35, 37, 41	蒸煮混合及び攪拌混合	生産品種切り替え清掃の清掃不十分により,次に生産する製品にアレルゲン混入	生産品種切り替え清掃後,混合機械の洗浄不十分によりアレルゲン混入の可能性(軸受け部分など)	洗浄清掃マニュアル通りの清掃実施 洗浄後に清掃担当以外の者がチェック 清掃後にタンパク質検出キットによるふき取り検査実施,清浄度の確認 仕掛品が残った場合は,すべて廃棄	PRP
16→35 35→41 41→42	運搬台車(フローダイアグラム未記入)	生産品種切り替え清掃の清掃不十分により,次に生産する製品にアレルゲン混入	生産品種切り替え清掃後,運搬台車の洗浄が不十分によりアレルゲン混入の可能性(台車は当該ライン専用の表示あり)	洗浄清掃マニュアル通りの清掃実施 洗浄後に清掃担当以外の者がチェック 清掃後にタンパク質検出キットによるふき取り検査実施,清浄度の確認	PRP
42, 43	成形衣付け	生産品種切り替え清掃の清掃不十分により,次に生産する製品にアレルゲン混入	生産品種切り替え清掃後,成形機械,衣付け機械の洗浄が不十分によりアレルゲン混入の可能性	洗浄清掃マニュアル通りの清掃実施 洗浄後に清掃担当以外の者がチェック 清掃後にタンパク質検出キットによるふき取り検査実施,清浄度の確認 仕掛品が残った場合は,すべて廃棄	PRP

6.3 アレルゲン混入リスク評価

41～47	搬送設備（フローダイアグラム未記入）	生産品種切り替え清掃の清掃不十分により，次に生産する製品にアレルゲン混入	生産品種切り替え清掃後，搬送装置の洗浄不十分によりアレルゲン混入の可能性	洗浄清掃マニュアル通りの清掃実施 洗浄後に清掃担当以外の者がチェック 清掃後にタンパク質検出キットによるふき取り検査実施，清浄度の確認	PRP
44～46	フライ設備関係のフライ油	生産品種切り替え清掃後のろ過が不十分なため，フライ油に含まれるアレルゲンが次の生産フライ油に混入	生産品種切り替え清掃後，アレルゲンがフライ油に残渣として残ってしまう可能性	清掃マニュアル通りの清掃実施 フライヤーごとに使用アレルゲンを区分けして生産	PRP
44, 45	フライ設備とその周辺設備	生産品種切り替え清掃の清掃不十分により，次に生産する製品にアレルゲン混入	生産品種切り替え清掃後，清掃不十分によりフライ装置にアレルゲンが残渣として残ってしまう可能性 洗浄困難なため，ふき取りによる清掃となる	清掃マニュアル通りの清掃実施 不織布によるふき取り清掃後に，空拭き清掃で汚れを除去 フライヤーごとに使用アレルゲンを区分けして生産	PRP
46	油保管タンク	フライ油保管タンクに溜まっているアレルゲンが他ラインへ混入	微量なアレルゲンを含む残渣がフライ油保管タンク底に溜まる可能性	アレルゲンごとに油保管タンクを設置 油保管タンクからアレルゲン別フライヤーへの油移送時にバルブ切り替えミスが起こらないよう，共用配管をなくす 年3回タンク内の定期清掃を実施，同時に底に残った残渣のアレルゲン検査を実施して検出されるか否かの検証	PRP
47	予備冷却設備	生産品種切り替え清掃の清掃不十分により，次に生産する製品にアレルゲン混入	生産品種切り替え清掃後，予備冷却装置の洗浄不十分によりアレルゲン混入の可能性 予備冷却装置コンベアの清掃が難しい	洗浄清掃マニュアル通りの清掃実施 洗浄清掃後に清掃担当以外の者がチェック 清掃後にタンパク質検出キットによるふき取り検査実施，清浄度の確認	PRP
48	冷凍	生産品種切り替え清掃の清掃不十分により，次に生産する製品にアレルゲン混入	スパイラルフリーザーCIP後にアレルゲンが残渣として残ってしまう可能性 XX部分の清掃し残しの可能性	洗浄清掃マニュアル通りの清掃実施 CIP洗浄すすぎ水をタンパク質検出キットにて確認 清掃後に清掃担当以外の者がチェック さらにXX部分をタンパク質検出キットによるふき取り検査実施，清浄度の確認	OPRP
51	包装	当該ポテトコロッケ以外の包材の間違った使用によるアレルゲン表示間違い	使用すべき包材とは違う包材を間違って使用する可能性	2次元バーコードシステムによる管理	CCP

アレルゲン：乳・卵・小麦・そば・落花生・えび・かにの7つの表示義務アレルゲン．

PRP（衛生管理方法）：人が食品を消費するために安全な製品や安全な食品を生産し，取り扱い，供給する食品流通チェーンを通じて衛生環境を維持するために必要とされる食品安全の基礎的な条件および活動

OPRP（運用PRP）：食品安全ハザードの製品または加工環境への混入，加工環境における食品安全ハザードの汚染または増加の起こりやすさを管理するために必須なものとして，ハザード分析によって明確にされたPRP（許容限界はない）．

CCP（重要管理点）：管理に必須であり，かつ，危害の発生を防止するためにコントロールできる手順，操作，段階のこと．原材料の生産と受入，製造加工，貯蔵等の食品製造の全過程における適切な箇所に設定することが必要．

【8】工程 No.44～46 のフライ設備関係においては，フライ油そのものにアレルゲンが残っていないか気になるところである．油中に浮遊している残渣にアレルゲンが含まれている可能性があるので，十分清掃方法を検討する必要がある．

アレルゲンは，一般に水溶性タンパク質であるので，油に溶解しているタンパク質はアレルゲンでない可能性が高い．また，フライ中に存在する微細なコゲは，タンパク変性の度合いが大きく，アレルゲンとして検出されないことが多い．

しかし，油中に分散しているタンパク質を含む残渣（特に乳化剤を多く使用しているものなど）は，アレルゲンを含んでいる可能性が高いので，フライ油中のアレルゲンの存在について，十分な検討が必要である．兼用のフライヤーで生産する場合は，生産品種切り替え清掃時に油のろ過を行い，その油にアレルゲンが含まれていないか検証する必要がある．よって，アレルゲン混入リスクが高いと考えられるため，当面フライヤーごとに使用アレルゲンを区分けして生産することとした．本書での判断は PRP とした．

【9】工程 No.44, 45 のフライ装置，ろ過設備などについては，生産品種切り替え清掃ごとの洗浄清掃はなかなか難しい面が多い．その清掃の基本はろ過とふき取り清掃ということとなる．この管理は結構やっかいである．清掃後にタンパク質検出キットによるふき取り検査実施，清浄度の確認を行うこととした．【8】と同様，アレルゲン混入リスクが高いので，フライヤーごとに使用アレルゲンを区分けして生産する（PRP）．

【10】工程 No.46 のフライ油保管庫（タンク）については，フライ油を保管するタンクの最下層部にある油は炭化重合物が多く，タンパク変性しているはずである．しかし，定期的なモニタリングを行って，表示義務アレルゲン混入について定期的な検証が必要と考え，その検証が済むまで，当面使用アレルゲンごとに油保管タンクを設置することで，対処することとした．本書の判断は，PRP として管理することとした．

【11】工程 No.47 の予備冷却設備については，清掃が厄介なものも多いが，ここでは洗浄清掃が可能な仕様とした．洗浄清掃後にタンパク質検出キットによるふき取り検査実施，清浄度の確認を行うこととして，PRP とした．

【12】工程 No.48 のスパイラルフリーザーについては，搬送距離も長く，残渣が残りやすい構造となっていることが多い．OPRP として，CIP 終了時のすすぎ水をタンパク質検出キットにて確認した後，清掃後に清掃担当以外の者が点検する．さらに重要ポイントをタンパク質検出キットによるふき取り検査実施，清浄度の確認を行うこととした．

【13】工程 No.51 の包装工程での包材間違いは，内容物と包装のパッケージ表示が異なることになるので，重大なアレルゲン混入リスクである．CCP として，管理手段は 2 次元バーコードを用いたシステムとした．

6.3.2 HACCP システムによるアレルゲン混入リスク危害分析の問題点

前項で HACCP 手法に準拠した危害分析を行ったが,「アレルゲン混入リスクや管理手段について明確になっていない」と思われる読者も多いであろう．アレルゲン混入リスクの抽出上の問題点や，管理手段の問題点について以下に解説する．

① HACCP 手法は，一般に工程ごとに危害要因となりうるか否かを判断している．しかし，アレルゲン混入危害は，工程中の 1 つの設備であっても何箇所も危害因子が存在する可能性がある．また，清掃のちょっとした気の緩みが重大な事故につながりかねない．一つひとつの設備の隅々を製造時や清掃時に確認して，リスクの程度やその後の管理手段を検討することがアレルゲン対策には必要ではないか．

② 微生物制御の場合,「付けない」,「増やさない」,「減らす（殺す）」の 3 原則の対策の通り，いくつかの対策がある．そして，食品工場製造ラインの CCP では，加熱殺菌処理や冷殺菌処理の実施により商業的殺菌を行っていることが一般的である．また，異物混入対策の場合，CCP では磁石の設置や X 線検出器を取り付けることで検出・除去しているのが一般的である．しかし，アレルゲンの場合,「付けない（製品に含まれているアレルゲン以外のアレルゲンが混入しないようにする）」という対策しかない．よって，アレルゲン管理を工程の広範囲にかつ詳細に行う必要がある．

③ 含まれてはならないアレルゲンが仕掛品や製品に混入していないことを，速やかにモニタリングする技術が未発達である．

本書では HACCP システムを補完する手法として,「アレルゲンマップの作成」と，それに基づく評価を提案したい．

6.3.3 アレルゲンマップの作成による評価

アレルゲンマップの作成方法を紹介する．工場のアレルゲン管理作業区域などの一つひとつの設備について，生産時や清掃時などの人やモノの動きを観察する．工場製造担当者や生産技術担当者などに支援してもらい，各製造設備の清掃後やメンテナンス時に設備を分解して，残渣がないか徹底的に確認する．そしてこれらを確認した上で，表示義務アレルゲン混入リスク内容を，製造ラインの工程設備配置図面にマーキングしていくのである（以下，アレルゲンマップの作成と称す）．

この方法でアレルゲン混入リスクのある箇所をすべてリストアップしていくことが,「漏れのない」アレルゲン対策に有効に働くと考えている（東京都も同様な名称でアレルゲン対策を行っている例を示している[5]が，本書のものとは少し意味合いが違う）．

アレルゲンマップの作成方法は，例えば，ある搬送コンベヤと別の搬送コンベヤとが交差していれば，搬送コンベヤから落下して当該搬送ラインにこぼれ，仕掛品が汚染されてし

表 6.5 「スーパー○○冷凍ポテトコロッケ」のアレルゲンマップ作成による評価結果（一部例）

NO.	原料/工程	プロセスの欠陥	写真（イメージ）	危害の根拠	重要度	発生の頻度	検出の可能性	リスク評価点
35	蒸煮混合	小麦粉，脱脂粉乳などの粉原料の飛散によるアレルゲンの交差汚染	小麦粉をN装置投入時写真（局所排気設備が稼動していないと，原料が投入できないようなインターロック措置，局所排気装置も併せて写真撮り）	小麦粉，脱脂粉乳は粉原料であり，蒸煮混合機投入時に飛散する可能性	10	2	8	160
35	蒸煮混合	当該冷凍ポテトコロッケ配合以外の液状原料を使用	みりん，しょうゆをN装置投入時写真（2次元バーコード読み取り端末も写真撮り）	配合間違いによってアレルゲンの混入の可能性	10	3	3	90
35	蒸煮混合	当該冷凍ポテトコロッケ配合以外の粉末原料を使用	砂糖，粒状植物性たん白，脱脂粉乳，食塩，白こしょう，Lグルタミン酸ナトリウムを事前計量時の写真（2次元バーコード読み取り端末も写真撮り）	配合間違いによってアレルゲンの混入の可能性	10	3	3	90
35	蒸煮混合	当該冷凍ポテトコロッケ配合の牛肉以外の原料を使用	牛肉をN装置投入時写真（2次元バーコード読み取り端末も写真撮り）	配合間違いによってアレルゲンの混入の可能性	6	3	3	54
35	蒸煮混合	蒸煮混合終了後，N装置より具材排出時に飛び散り交差汚染	N装置より具材排出時の写真	N装置周りや作業者に飛び散り，交差汚染	10	8	8	640
35	蒸煮混合	生産品種切り替え清掃の清掃不十分により，次に生産する製品にアレルゲン混入	N装置のT部の清掃時の写真	T部は見えにくく，残渣を取り除くことができたのか不明	8	8	10	640
35	蒸煮混合	生産品種切り替え清掃の清掃不十分により，次に生産する製品にアレルゲン混入	N装置のS部の清掃時の写真	清掃時，S部の接合部の清掃が困難なため，アレルゲン混入の可能性	8	10	9	720
35	蒸煮混合	生産品種切り替え清掃の清掃不十分により，次に生産する製品にアレルゲン混入	N装置のP清掃用具を使った清掃実施の写真	P清掃用具をどの生産品種の場合も共通で使用	8	9	8	576
43〜44	衣付からフライまでの搬送コンベヤ	AコンベヤとBコンベヤの交差箇所がある	AコンベヤとBコンベヤの写真	Bコンベヤから仕掛品があふれ，Aコンベヤに落下してアレルゲン混入の可能性	10	5	8	400
43〜44	衣付からフライまでの搬送コンベヤ	AコンベヤとCコンベヤが近くにある	AコンベヤとCコンベヤの写真	Cコンベヤ上の粉類の一部が飛散してAコンベヤに落下，アレルゲン混入の可能性	10	5	9	450
43〜44	衣付からフライまでの搬送コンベヤ	Aコンベヤと通路が接近	Aコンベヤと通路の写真	Aコンベヤ上の仕掛品が飛散して，人を介してアレルゲンの交差汚染の可能性	6	8	10	480

43〜44	衣付からフライまでの搬送コンベヤ	生産品種切り替え清掃の清掃不十分により，次に生産する製品にアレルゲン混入	Aコンベヤ清掃後のU部分の汚れの写真	掃除時にU部分の汚れ除去が不十分なことによりアレルゲンが混入する可能性	8	8	10	640
43〜44	衣付からフライまでの搬送コンベヤ	生産品種切り替え清掃の清掃不十分により，次に生産する製品にアレルゲン混入	Aコンベヤ清掃後のV部分の汚れの写真	Aコンベヤ清掃時にV部分が見えにくく，残渣を取り除くことができたのか不明	8	8	10	640
43〜44	衣付からフライまでの搬送コンベヤ	生産品種切り替え清掃の清掃不十分により，次に生産する製品にアレルゲン混入	Aコンベヤ洗浄清掃時の写真	Aコンベヤ洗浄清掃時に汚れが飛び散り，人を介して交差汚染の可能性	6	8	8	384
43〜44	衣付からフライまでの搬送コンベヤ	清掃終了時に，アレルゲンが残留しているか不明	Aコンベヤ洗浄清掃終了時の写真（タンパク質検出キットによる確認写真）	清掃終了後にアレルゲンが残留しているか確認不十分（点検箇所に漏れあり）	8	8	10	640
48	冷凍	SF装置CIPの設定サイクルタイムでは汚れの完全除去が困難	SF装置清掃後のコンベヤX部分の汚れの写真	CIPによって，アレルゲンが有効に除去されるか検証未確認	9	10	10	900
48	冷凍	SF装置CIPによる清掃では，コンベヤ乗り移り部残渣の完全除去が困難	SF装置清掃後のコンベヤ乗り移り部残渣の写真	CIP後の点検で，コンベヤ乗り移り部に汚れ残りの確認	8	10	10	800
48	冷凍	SF装置CIPによる清掃では，XX部分，完全に残渣除去が困難	SF装置清掃後のXX部分の残渣の写真	CIP後の点検で，XX部分汚れ残りの確認	8	8	10	640
48	冷凍	SF装置CIPによる清掃では，熱交換フィン部分，完全に残渣除去することが困難	SF装置の熱交換フィン部分の汚れの写真	CIP後の点検で，熱交換フィン部分汚れ残りの確認	8	9	10	720

N装置：蒸煮混合機械装置　　Aコンベヤ：衣付〜フライ搬送コンベヤ　　SF装置：冷凍装置スパイラルフリーザー

リスク評価は「重要度」×「発症頻度」×「検出の可能性」で判断した．リスク評価が高いほどアレルゲン対策の優先順位が高い．

まう．また，製造設備同士が接近していれば，隣接する設備からアレルゲンを含むものが飛散してきて，仕掛品が汚染されてしまう可能性がある．清掃しにくい箇所があれば，清掃し残しの可能性が高まる．このように，アレルゲン混入リスクのありそうな箇所すべてをマーキングしていく．

そして，アレルゲン混入リスクのあるポイントを写真撮りしたものを工程図に貼り付けて，具体的なリスク内容を記述していくのである．HACCPシステムで大まかなリスク評価をした後，現場を再度確認して細かくマーキングをすることで完成度の高いものとなる．また，必要に応じて清掃後のアレルゲンふき取り検査や，生産品種切り替え清掃後の生産開始時の仕掛品や製品の分析を行うことにより，リスクの程度についての裏づけをとる．

リストアップされたリスクを，欠陥モード解析（FMEA：Failure Mode and Effect Analysis）などの手法により，評価を行う．表6.5に，FMEAにて評価を行った一部の例を示した．本論のFMEAでは，リスク評価は，「重要度」×「発生の頻度」×「検出の可能性」で改

善の優先順位付けを行った．

　これらの評価基準は，実際には評価者自身が数値化することが多いので，その評価が普遍的な評価か否か疑問が残る面があるが，アレルゲン混入リスクに対して的確な確認がとれる手法と考える．

　表6.5では，蒸煮混合，衣付からフライまでの搬送コンベヤ，冷凍装置の3つの設備についてアレルゲン混入リスクについて検討した結果を示した．生産中，清掃中について細かく点検した結果，下記のような新たな発見があった．

　① 蒸煮混合では，設備の改善と清掃用具の見直しが必要であった
　② 衣付からフライに至る搬送コンベヤの清掃点検箇所が，完全に抽出できていなかった
　③ 冷凍装置については，現状のCIP洗浄の方法が，アレルゲン対策に適正か否か確認がとられていなかった

このように，一つひとつ点検していくと新たな発見もある．

6.4　アレルゲン対策実施後の管理

　アレルゲン対策の優先順位を決め，設備改善を行っていく．その不具合の改善完了までは，仮基準を設定してアレルゲン管理を行っていく．設備改善完了後は再度，HACCPシステムに立ち戻って管理手段の検討を行う．そして，アレルゲン管理の本基準として管理していく．アレルゲンマップを用いた手法は，HACCPシステムの管理手段が真に有効な管理手段となるように，改善すべき点，管理すべき点をすべて抽出するのに役立つと考える．

■ 参 考 文 献

1) 消費者庁；加工食品製造・販売業のみなさまへ，アレルギー物質を含む加工食品の表示ハンドブック，p.21（平成26年3月改訂）
2) （一般財）日本規格協会；対訳 ISO22000:2005 食品安全マネジメントシステム〈ポケット版〉（2007）
3) （一般財）食品産業センターHP, HACCP関連情報データベース, 食品の安全を創るHACCP【改訂】（2015年4月確認）
4) 消費者庁食品表示企画課：消食表第140号，食品表示基準Q＆Aについて（平成27年3月30日）
5) 東京都健康安全研究センター；食品の製造工程における食物アレルギー対策ガイドブック（平成24年）

7章　設備面のアレルゲン対策

7.1　設備面のアレルゲン対策の基本方針

　食品会社では，いろいろな形でアレルゲン対策を進めているが，まだ製造現場において，明確な仕組みはできていない状況であると考えている．食品製造現場におけるアレルゲン対策では，ハード（設備面）の対策で基本を作り，ソフト（人の管理）の対策へつなげていくことが基本である．本章では，設備面の食物アレルゲン対策の進め方を明確にして，食物アレルギーの人に安全な食品を提供できる仕組みとはどういうものか検討していきたい．

7.1.1　設備のアレルゲン対策の優先順位

　生産計画面からのアレルゲン対策として，先の5章5.1.1では，下記の3つを挙げた．
　① 工場や生産棟ごとに，製品中に含まれている表示義務アレルゲンを同一とする
　② 製造ラインごとに表示義務アレルゲンの使用を制限する
　③ 製造工程ごとに表示義務アレルゲンの使用を制限する

　①については，工場や製造棟をアレルゲン別に区分けすることにより，原料納入時の管理や人からの持ち込み防止を徹底すれば，アレルゲン混入リスクは低下する．

　②については，製造ラインをアレルゲン別に原料の使用を制限する（アレルゲン別の専用ラインとする）．例えば，「○○ラインでは小麦を含む原料をすべての製品に使用し，それ以外の表示義務アレルゲンを含む原料を使用しない」「△△ラインでは小麦＋乳を含む原料をすべての製品に使用し，それ以外の表示義務アレルゲンを含む原料を使用しない」といった方法である．そして，分離する生産ラインの間に間仕切りを作ることにより，アレルゲン混入防止を図る．その上で，原料納入時の管理や人からのアレルゲンの持ち込み防止と，近接したラインからの交差汚染によるアレルゲン混入防止に専念すればよい．

　③については，アレルゲン別の専用ライン設置が困難な場合，工程別にアレルゲンを制限して管理する．

　これらの対策が困難であれば，アレルゲンを複数含む原料を使用して生産することとなる．著者の経験では，アレルゲン別の専用工場，専用ライン，専用工程とすることは，コスト，敷地，生産ライン，生産設備などの分離が必要であり，現実には困難な場合が多い．そのため，兼用ラインでアレルゲン管理を行いながら生産を行っていくには，多くの設備

上のアレルゲン対策を施す必要がある．例えば，生産中の異種製品の仕掛品混入対策，アレルゲンの飛散の防止および清掃精度を上げる設備改善などである．これらのことを行うことにより，アレルゲン対応設備とすることができる．設備上のアレルゲン対策がうまくできれば，ソフト面での対策が容易となる．

7.1.2 各工程のアレルゲン濃度調査とゾーニング

4章4.2「アレルゲン管理対象品等の決定とアレルゲン情報管理」に従った，表示義務アレルゲンの管理区域指定方法の詳細について述べていくが，このことが，設備面での対策を行っていく上での重要なポイントと考えている．各原料のアレルゲン濃度を明確にすることができれば，各工程の追加原料や水分変化によってアレルゲン濃度が変化しても，仕掛品や製品の理論上のアレルゲン濃度が算出可能である．製造現場においては，多くの原料が使用されているので，すべてのアレルゲン濃度を計測することはコスト上困難を伴う．よって，いろいろな方法でアレルゲン濃度を確認する方法が考えられる．

アレルゲン濃度が高いもの（小麦粉など）は，改めて測定する必要はない．原料のタンパク質含有量より，仕掛品や製品のアレルゲン濃度を想定することもある程度は可能である．また，製品のアレルゲン濃度より，各工程の仕掛品のアレルゲン濃度を計算する手法をとることも可能である．これらの中で最も有効な方法で，それぞれの仕掛品や製品のアレルゲン濃度を算出する．

算出された結果を用い，5章5.2.1で説明したアレルゲン管理作業区域，アレルゲン準管理作業区域，アレルゲン汚染作業区域，一般区域の区分をしていき，ゾーニングのレイアウト図を作成して検討した例を示す．

図7.1に，食品P（架空の食品）加工時の，食品の乳タンパク質濃度（ここではアレル

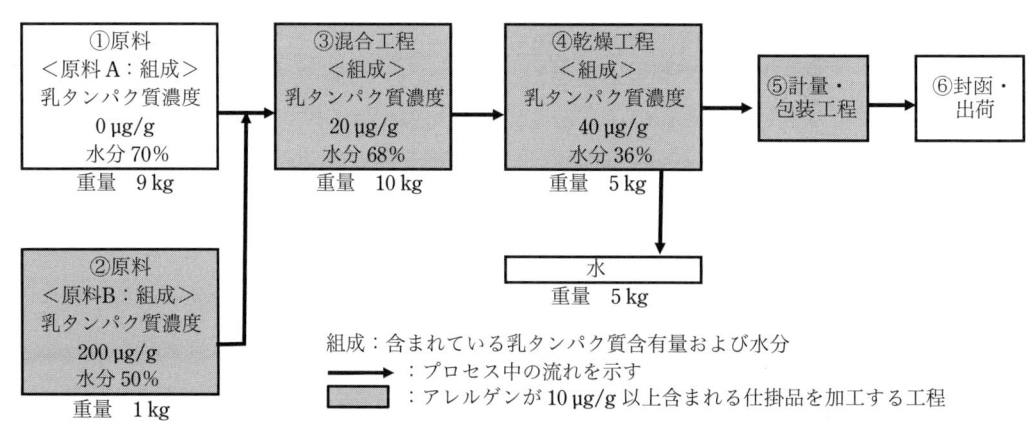

図7.1 食品P加工時の乳タンパク質（乳アレルゲン）濃度変化

丸番号は工程を示している．
本製造ラインは，アレルゲンを複数含む製品を生産する兼用ラインである．

7.1 設備面のアレルゲン対策の基本方針

ゲン濃度と同等と考える）の変化例を示す．本製造ラインは，アレルゲンを複数含む製品を生産する兼用ラインである．表7.1には図7.1の表示義務アレルゲン混入リスク評価を示した．

図7.2に，図7.1で示した加工工程をレイアウト図で示した．乳タンパク質を含まない原料A（①）に，乳タンパク質濃度200 µg/gを含む原料B（②）を添加する．混合工程（③）では，アレルゲン濃度が20 µg/gとなっている．その後，乾燥工程によってアレルゲン濃度は40 µg/gに濃縮される．原料Bの処理工程，混合工程以降，計量・包装工程まではア

表7.1 食品Pの工程（図7.1）の表示義務アレルゲン混入リスク評価表

No.	工程名	小麦	乳	卵	そば	落花生	えび	かに	表示義務アレルゲン混入に関する検討	アレルゲン混入の可能性
①	原料A								アレルゲン使用なし	低い
②	原料B		■						乳タンパク質10 µg/g以上含む	高い（乳）
③	混合		■						乳タンパク質10 µg/g以上含む	高い（乳）
④	乾燥		■						乳タンパク質10 µg/g以上含む	高い（乳）
⑤	計量・包装		■						乳タンパク質10 µg/g以上含む	高い（乳）
⑥	封函・出荷		■						包装されている	低い

本リスク評価表は，他ラインからのアレルゲンの混入については考慮に入れていない．
■：当該アレルゲンが10 µg/g以上含まれている製品を生産

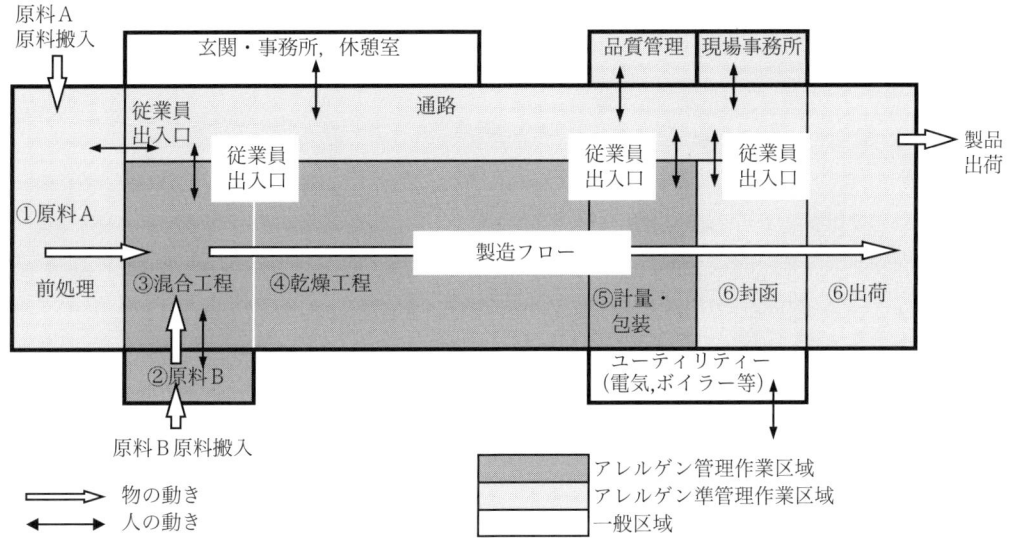

図7.2 食品P工程内の人，物の動き（図7.1の製造工程レイアウト図）

丸番号は工程を示している．
一般区域から工場生産区域に入る場合，衛生準備室を設けている．
工場生産区域のそれぞれの工程への従業員出入口には，衛生準備室をさらに設けている．
衛生準備室入口と工程外への出口は，違う場所に設けられている．

116   7章 設備面のアレルゲン対策

レルゲン管理作業区域となる．包装後はアレルゲン準管理作業区域になる．

図7.3に，食品Q（架空の食品）加工時の，食品の乳タンパク質濃度の変化例を示す．食品Pと同様に，本製造ラインはアレルゲンを複数含む製品を生産する兼用ラインである．表7.2に図7.3の表示義務アレルゲン混入リスク評価を示した．

図7.4は，図7.3で示した工程をレイアウト図で示した．原料，製品では乳アレルゲン濃度が 10 µg/g 未満であるが，乾燥工程で乳アレルゲンが濃縮されて 10 µg/g を超える仕掛品になっている．原料のアレルゲン濃度が 10 µg/g 未満のアレルゲンである場合でも，加工工程によっては仕掛品や製品が 10 µg/g 以上に濃縮する可能性がある．その場合は，アレルゲン管理作業区域となるので注意が必要である．

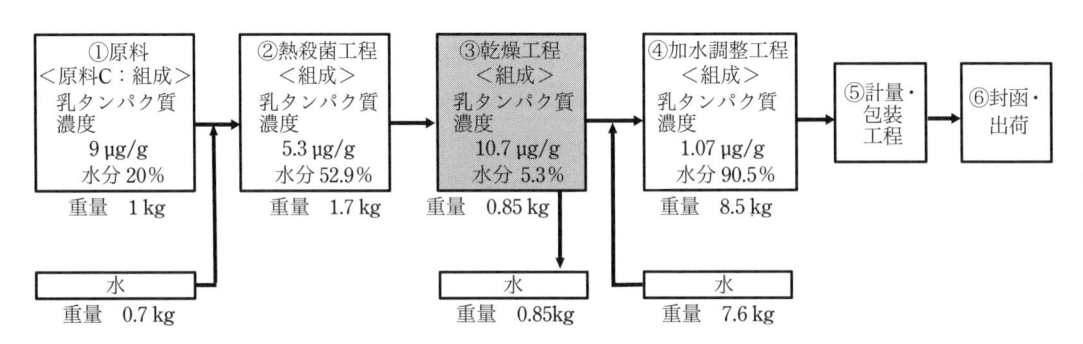

```
①原料              ②熱殺菌工程         ③乾燥工程          ④加水調整工程        ⑤計量・        ⑥封函・
<原料C：組成>      <組成>              <組成>              <組成>              包装            出荷
乳タンパク質        乳タンパク質        乳タンパク質        乳タンパク質        工程
濃度                濃度                濃度                濃度
9 µg/g              5.3 µg/g            10.7 µg/g           1.07 µg/g
水分 20%            水分 52.9%          水分 5.3%           水分 90.5%
重量 1 kg          重量 1.7 kg         重量 0.85 kg        重量 8.5 kg

        水                                  水                  水
    重量 0.7 kg                         重量 0.85kg         重量 7.6 kg
```

組成：含まれている乳タンパク質含有量および水分
→ ：プロセス中の流れを示す
▨ ：アレルゲンが 10 µg/g 以上含まれる仕掛品を加工する工程

図 7.3 食品Q加工時の乳タンパク質（乳アレルゲン）濃度変化

丸番号は工程を示している．
本製造ラインは，アレルゲンを複数含む製品を生産する兼用ラインである．

表 7.2 食品Qの工程（図7.3）の表示義務アレルゲン混入リスク評価表

No.	工程名	小麦	乳	卵	そば	落花生	えび	かに	表示義務アレルゲン混入に関する検討	アレルゲン混入の可能性
①	原料C		▲						乳タンパク質 10 µg/g 未満含む	少しあり（乳）
②	熱殺菌		▲						乳タンパク質 10 µg/g 未満含む	少しあり（乳）
③	乾燥		■						乳タンパク質 10 µg/g 以上含む	あり（乳）
④	加水調整		▲						乳タンパク質 10 µg/g 未満含む	少しあり（乳）
⑤	計量・包装		▲						乳タンパク質 10 µg/g 未満含む	少しあり（乳）
⑥	封函・出荷		▲						包装されている	低い

本リスク評価表は，他ラインからのアレルゲンの混入については考慮に入れていない．
■：当該アレルゲンが 10 µg/g 以上配合されている製品を生産　　▲：当該アレルゲンが 10 µg/g 以下配合されている製品を生産

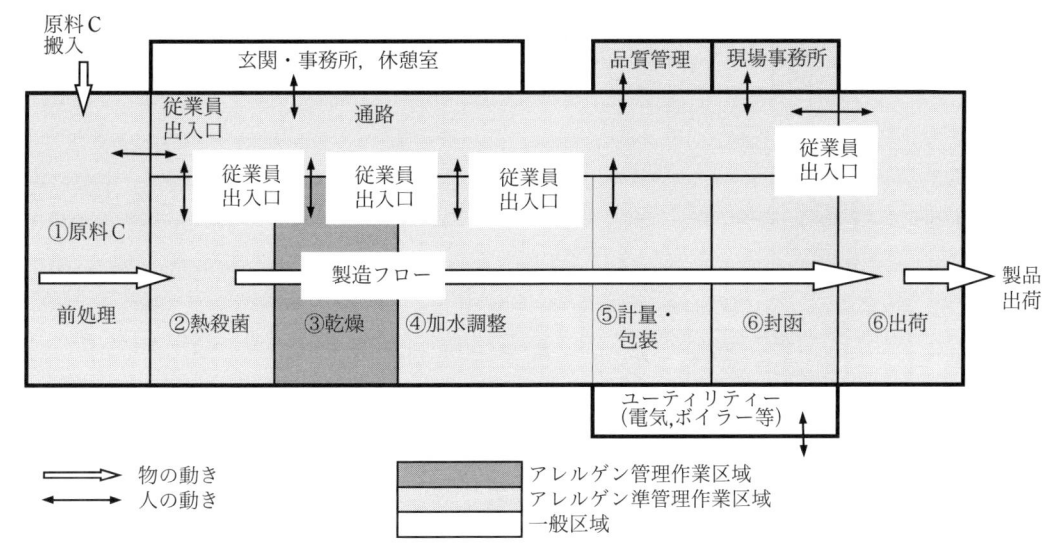

図7.4 工程内の人,物の動き（図7.3の製造工程レイアウト図）

丸番号は工程を示している．
一般区域から工場生産区域に入る場合，衛生準備室を設けている．
工場生産区域のそれぞれの工程への従業員出入口には，衛生準備室をさらに設けている．
衛生準備室入口と工程外への出口は，違う場所に設けられている．

図7.5に，総菜パンの加工時の，各種タンパク質の変化例を示した．本製造ラインは，原料処理，ミキシング工程から焼成工程まで原料，製造方法は共通である．しかし，惣菜味付け工程以降は，アレルゲンを複数含む製品を生産する兼用ラインである．表7.3に，図7.5の表示義務アレルゲン混入リスク評価を示した．

図7.6に，図7.5で示した加工工程をレイアウト図で示した．本製造工程では，原料の小麦と乳のアレルゲン濃度が高いので，工程中のそれぞれのアレルゲン濃度は 10 µg/g をはるかに超える濃度となっている．小麦粉の前処理工程では，非常に高濃度の小麦粉粉塵が飛散している状態であり，アレルゲン管理不能な状態なので，別途隔離された建物とした．ミキシング工程から焼成工程までは，小麦タンパク質，乳タンパク質がすべての工程で使用されているので，アレルゲン管理作業区域であっても他のアレルゲン混入リスクが低い．惣菜味付け工程では，焼きそば（小麦タンパク質），ゆで卵（卵タンパク質）を含む原料を焼成後に添加しているので，惣菜味付け以降の，卵タンパクについてアレルゲン管理する必要がある．

このように，各工程がどの程度のアレルゲン混入リスクがあるのかを確認することから設備設計が始まる．アレルゲン管理部署などと連携をとり，ゾーニングの方法を考えていくことが重要である．

118   7章　設備面のアレルゲン対策

```
①原料D 小麦粉
<組成>
小麦タンパク質濃度
120,000 µg/g
水分 15%
重量 100 kg

②原料E 脱脂粉乳
<組成>
乳タンパク質濃度
340,000 µg/g
水分 0%
重量 3 kg

③原料F その他原料
<組成>
タンパク質濃度
0 µg/g
水分 82.2%
重量 85.1 kg
```
↓
```
④ミキシング
<組成>
小麦タンパク質濃度
63,796 µg/g
乳タンパク質濃度
5,423 µg/g
水分 45.2%
重量 188.1 kg
```
↓
⑤成形工程（省略）
↓
⑥発酵工程（省略）
↓
```
⑦焼成
<組成>
小麦タンパク質濃度
72,159 µg/g
乳タンパク質濃度
6,133 µg/g
水分 38%
重量 166.3 kg
```
→ 水 21.8 kg
↓
```
⑨惣菜味付け
<組成>
小麦タンパク質濃度 10 µg/g 以上
乳タンパク質濃度 10 µg/g 以上
卵タンパク質濃度 10 µg/g 以上
```
← ⑧-1 原料G 焼きそば 小麦タンパク質
← ⑧-2 原料H ゆで卵 卵タンパク質
↓
⑩計量・包装工程
↓
⑪封函・出荷

組成：含まれている組成の乳タンパク質含有量およびプロセス中の流れを示す
　　：アレルゲンが 10 µg/g 以上含まれる仕掛品を加工する工程

図7.5 惣菜パン加工時の小麦・乳タンパク質（小麦・乳アレルゲン）濃度変化

丸番号は工程等を示している。
本ラインは、アレルゲンを複数含む製品を生産する兼用ラインであるが、「⑦焼成」までの原料、製造方法はすべて同じである。

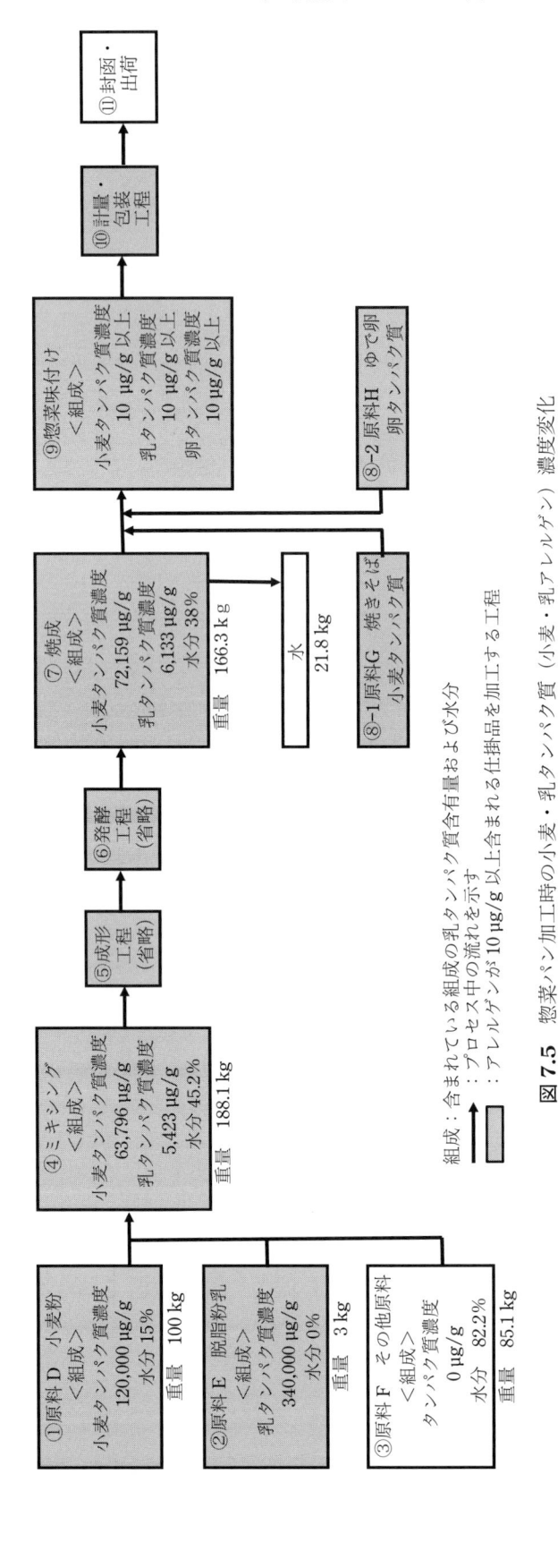

7.1 設備面のアレルゲン対策の基本方針

表 7.3 惣菜パンの工程（図 7.5）の表示義務アレルゲン混入りスク評価表

No.	工程名	配合されている表示義務アレルゲン							表示義務アレルゲン混入に関する検討	アレルゲン混入の可能性
			小麦	乳	卵	そば	落花生	えび	かに		
①	小麦粉	■							小麦タンパク質を高濃度に含む。汚染作業区域	高い
②	脱脂粉乳		■						乳タンパク質を高濃度に含む	高い
③	その他原料								アレルゲンを含まない	低い
④	ミキシング	■	■						「小麦」と「乳」を 10 µg/g 以上含む（ライン中にすべて含まれる）	低い
⑤	成形	■	■						「小麦」と「乳」を 10 µg/g 以上含む（ライン中にすべて含まれる）	低い
⑥	発酵	■	■						「小麦」と「乳」を 10 µg/g 以上含む（ライン中にすべて含まれる）	低い
⑦	焼成	■	■						「小麦」と「乳」を 10 µg/g 以上含む（ライン中にすべて含まれる）	低い
⑧-1	原料 G	■	■						「小麦」と「乳」を 10 µg/g 以上含む（ライン中にすべて含まれる）	低い
⑧-2	原料 H			■					卵タンパク質 10 µg/g 以上含む	高い（卵）
⑨	惣菜等味付け	■	■	■					「小麦」と「乳」を 10 µg/g 以上含む（ライン中にすべて含まれる）卵タンパク質 10 µg/g 以上含む	高い（卵）
⑩	計量・包装	■	■	■					「小麦」と「乳」を 10 µg/g 以上含む（ライン中にすべて含まれる）卵タンパク質 10 µg/g 以上含む	高い（卵）
⑪	封函・出荷								包装されている	低い

本リスク評価表は，他ラインからのアレルゲンの混入については考慮に入れていない．
■：当該アレルゲンが 10 µg/g 以上含まれているものを生産

120　　　　　　　　　　　　　　　7章　設備面のアレルゲン対策

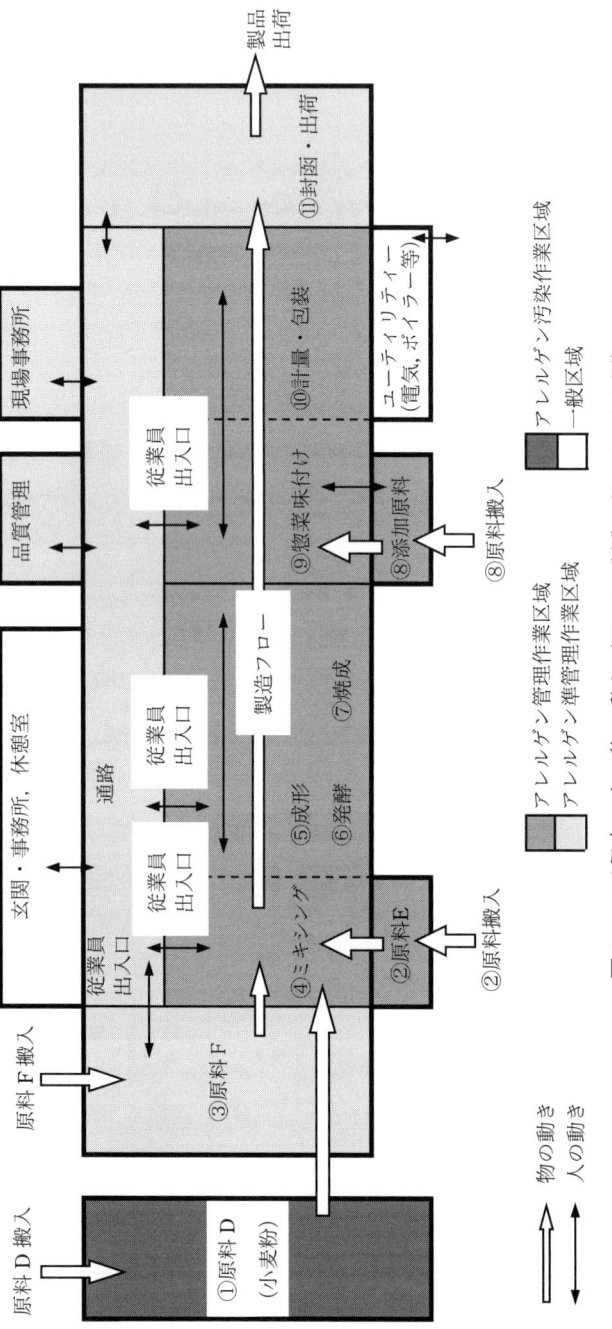

図7.6　工程内の人、物の動き（図7.5の製造工程レイアウト図）

丸番号は工程等を示している。
一般区域から工場生産区域に入る場合、衛生準備室を設けている。
工場生産区域のそれぞれの工程への工程への従業員出入口には、衛生準備室をさらに設けている。
衛生準備室入口と工程外への出口は、違う場所に設けられている。

7.2 建物のアレルゲン対策

7.2.1 ゾーニングのための間仕切りの仕様

　工場内でアレルゲン対策を行っていくために，製品，人，空気を遮断することが求められる．製造ライン，工程，設備などのアレルゲン混入リスクの程度に応じて，ゾーニングの設計をする．

　建築の工法で間仕切りを行う場合，鉄筋コンクリート，軽量鉄骨，パネルを用いて壁，天井，床を作る．間仕切りを人が通ったり，仕掛品やユーティリティー（配管，電気，空調ダクト）が間仕切りを貫通することになるので，出入口および開口部を作ることが可能な強度が必要である．食品工場では，新製品や製品の仕様変更によって，製造ライン，工程，設備が変更になることがある．その際，ゾーニングの変更が必要となる．従来，軽量鉄骨仕様で間仕切りの設計がなされていたが，近年ではパネル（一定の寸法や仕様で作られた板）が普及してきた．パネルを間仕切りに用いた場合，工事期間が短くなる．また，天井に使用した場合，パネルの上に載って作業ができるので，ダクト，配管，電気工事が容易となる．

　工場の面積や通行動線の関係で，さらに簡易的な方法でゾーニングを実施する場合がある．例えば，ビニールカーテン，衝立などもゾーニングとして利用される．簡易的な間仕切りは，空気の流れの分離と人の動線を明確にすることに効果がある．しかし，完璧に遮断することはできないので，アレルゲン混入リスクに応じて仕様を決める必要がある．

7.2.2 製造現場出入口，原料および包材の搬入口

　アレルゲン混入防止のために，人および物の動線を明確にする必要がある．製造現場の出入口，原料などの搬入口などを，アレルゲン別に必要最小限の数にすると動線を明確にすることができ，アレルゲン管理がしやすくなる．製造現場のアレルゲン管理をする場合，アレルゲンの侵入を防ぐことと，アレルゲン汚染作業区域，アレルゲン管理作業区域などからのアレルゲンの拡散を防止する必要がある．また，これによって一般区域と生産区域との区域分けを行う．生産区域への入場は，一般区域からアレルゲン準管理作業区域への入場が一般的である．入場の際，衛生準備室を通って入場する．

　図 7.7 に，一般区域からアレルゲン準管理作業区域に入場した後，アレルゲン管理作業区域へ入退場する動線を示した．入場用と退場用で衛生準備室とエアシャワーを別々に設置している．作業者は，アレルゲン準管理作業区域からアレルゲン管理作業区域に入場する場合，衛生準備室でクリーンローラーにより衣服の付着物を取った後に手洗いを実施し，エアシャワーで衣服の付着物を取り除くことが必要である．そして，作業者は，アレルゲン管理作業区域から退場する場合は，付着している可能性のあるアレルゲンを衛生準備室

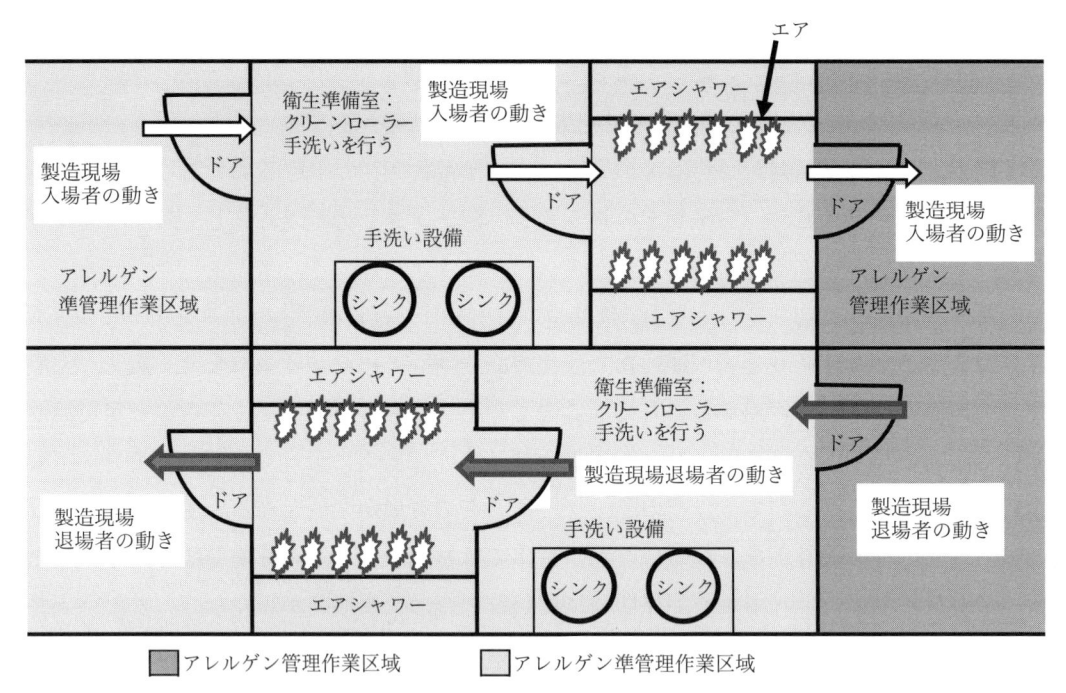

図 7.7 製造現場入退場配置図および動線（アレルゲン管理作業区域への入退場）

で除去することにより交差汚染を防止する．

7.2.3 換気の方法
(1) 各管理作業区域間の圧力差
　異物対策や微生物制御上の衛生管理では，清潔作業区域の圧力を高めて，他のエリアに風が流れるようにしている．アレルゲン飛散防止のために室内空気圧の管理を行う場合は，アレルゲンの拡散による交差汚染を防止することが必要である．その場合，アレルゲン管理作業区域を陰圧にする方がよい．ただし，アレルゲン管理作業区域で微生物上の衛生管理が必要な場合があれば，陰圧とすることは難しくなる．衛生準備室や退場出口の二重ドアを三重ドアにして空気の移動を最小限にするなど，空気の流れを検討してアレルゲン管理と微生物制御相互の管理が成り立つようにする．

(2) 換気の方式の検討
　工場の換気回数は，換気の目的により 0～20 回/h 程度となっている．アレルゲン管理作業区域では，アレルゲンの飛散を防ぐため，局所排気設備を取り付けることがある．そのような場合，局所排気設備の稼動と合わせた換気回数の計算をする必要がある．

　換気の方式には，いくつかの方式がある．その方式を表 7.4 に示す．換気方式は，給気側と排気側に換気ファンを利用するか否かにより，1種，2種，3種換気に分類されている．アレルゲン管理作業区域では，アレルゲンの拡散を防ぐために，排気にフィルターを設置

するなどの対応が必要となる．フィルターを使用するためには，排気を強制する換気ファンが必要なので，1種換気または3種換気を選択することになる．フィルターは最後の防御線である．アレルゲンの交差汚染防止のためには，飛散・拡散しないように発生源のアレルゲン対策を行うことが基本である．

フィルターは，2次側（排気側）でアレルゲンが検出されないよう，試験調査した上で選定する．

表7.4 換気方式の種類

換気の種類	換気の方法
1種換気	給気と排気の両方とも換気ファンを用いるもの
2種換気	給気は換気ファン，排気に換気口（自然排気）を用いるもの
3種換気	排気は換気ファン，給気に換気口（自然給気）を用いるもの

給気：外から室内への空気の流れ
排気：室内から室外への空気の流れ

使用しているアレルゲンを含む粉塵の粒度などにより，有効な中性能フィルター，ヘパフィルターを選定することが必要である．

- **中性能フィルター**：粒径 5 μm より小さい粒子に対して捕集効率が 60〜95％程度の粒子捕集率を持つ
- **ヘパフィルター**：粒径が 0.3 μm の粒子に対して 99.97％以上の粒子捕集率を持つ

7.3 生産設備のアレルゲン対策

生産中のアレルゲン混入防止のために，生産設備からのアレルゲンを含む原料や仕掛品のこぼれ，漏れ，飛散を防ぐ必要がある．また生産品種切り替え清掃終了時に，アレルゲンを含む残渣がないことが求められる．微生物制御のための設備仕様は歴史があるので，技術がある程度確立している．しかし，アレルゲン対策の技術は確立していないものが多いので，技術担当者自らが設備仕様を検討していく必要がある．次に，著者の経験に基づく設備設計仕様について述べていく．

7.3.1 清掃しやすい設備仕様

アレルゲン対策のため，生産設備は原料や仕掛品と接触する可能性のあるすべての部品が清掃可能であり，清掃終了後に清掃の出来映えが確認できる構造に設計する必要がある．清掃しやすい構造について，具体的な内容を下記に示す．

① 仕掛品などの残渣がないように，設備構造，加工部分において，継ぎ目や割れ目を作らない
② 仕掛品などの残渣がないように，設備内面に鋭角なコーナーがない（望ましい曲率 6mm 以上）
③ 設備および器具の表面は平滑であり，非吸収性，高耐久性を持つ材料を使用する
④ 製品が通過するすべての箇所の清掃ができるように，デッドエンドやデッドスペー

スを作らない

⑤ 組み立てたままでは設備の清掃ができない箇所は,容易に分解清掃できる設計にする

⑥ 作業者が清掃時に清掃箇所に接近できるように,スペースを作るか,設備を可動式にする

⑦ 洗浄時に汚れや洗浄排水を系外に排出しやすくするために,清掃口や排水口の面積を大きくする

⑧ 設備の清掃の出来栄えがわかるように,清掃すべき箇所を見えやすくする

7.3.2 搬送設備

　生産設備の中でアレルゲン混入防止のネックになることが多いのは,搬送設備である.表7.5 に,搬送設備のアレルゲン混入リスク評価比較を示す.搬送設備は,こぼれ,飛散に関する評価と,清掃に関する評価を十分に行った上で導入すべきである.以下に,搬送設備について個別の評価を述べていく.

表7.5 搬送設備のアレルゲン混入リスク評価比較表(兼用ラインの場合)

設備名称	仕様	こぼれ,飛散に関する評価	清掃に関する評価		総合評価
液体を搬送する配管搬送設備	CIPプログラム付き	○	○	CIPのシステムの評価が必要	○
	CIPプログラムなし	○	△	分解清掃の必要性の確認	△
固形物を含む液状のものを搬送する配管搬送設備	CIPプログラムなし	○	×	分解清掃の必要性の確認	×
ベルトコンベヤ搬送設備	ベルトが簡単に脱着可能	△	△	コンベヤの清掃面積が広いと清掃困難	△
	ベルトが簡単に脱着困難	△	×	ベルト面,駆動ローラー,スクレーパーの清掃が難しい	×
振動コンベヤ	分岐ゲートあり	△	×	こぼれの防止 分岐用ゲートの清掃が難しい	×
	分岐ゲートなし	△	○	こぼれの防止が必要	△
スクリュー搬送設備		○	△	スクリュー部分,軸受け部の清掃が難しい	△
粉体の空気搬送設備		○	×	配管,サイクロン,分岐の清掃が難しい	×
バケットコンベヤ搬送設備		×	×	バケットの清掃が難しい	×

「こぼれ,飛散」の評価
　評価○:アレルゲンのこぼれ,飛散がない
　評価△:アレルゲンのこぼれ,飛散防止に工夫が必要
　評価×:アレルゲンのこぼれ,飛散防止が困難
「清掃」の評価
　評価○:アレルゲンの除去が容易
　評価△:アレルゲンの除去に工夫が必要
　評価×:アレルゲンの除去が困難

(1) 配管搬送設備

　液体の搬送には，配管搬送設備が多く使用されている．その配管の洗浄に，CIP（Cleaning In Place：定置洗浄）が使用されているものがある．配管搬送設備のCIPでは，予備洗浄→洗剤洗浄→すすぎを自動化することができ，清掃の出来栄えを安定化させることが可能である．ただし，洗浄清掃の出来栄えを確認するため，定期的に分解して清浄度を確認することが必要である．CIPを使用しない場合は，配管のコーナー部や計装機器で分解洗浄が必要となるので，分解が容易にできる配管仕様のもの（サニタリー配管など）を使用して分解洗浄をすることが必須となる．

　液体を搬送媒体として固形物を搬送するために用いられるポンプやパイプなどの配管設備は，配管の曲がり部分および継ぎ手部分に残渣や汚れが残りやすい．そのような場合は，表示義務アレルゲン別の専用設備とする．

(2) ベルトコンベヤ搬送設備

　ベルトコンベヤは，仕掛品の搬送に多く使用されている．ベルトの裏面，駆動ローラーおよびベルトのスクレーパーなどに残渣が残りやすく，清掃が難しい．アレルゲン対応設備として，ベルトを簡単に取り外しでき，駆動部に水をかけて洗浄できる仕様のコンベヤが開発されている．

　ベルトコンベヤ同士の乗り継ぎ部分でのこぼれは，仕掛品の量の変動や搬送速度の変更などにより発生する．ベルト幅に余裕を持たせることによりサイドからのこぼれを減少させることが必要である．センサー等で仕掛品を検知して搬送量を制御することにより搬送設備からこぼれないようにすることが必要である．

　コンベヤ搬送設備のアレルゲン対策例をいくつか示す．

① 清掃しやすい搬送設備とする（本章7.3.1参照）
② ベルト幅に余裕を持たせ，ベルトのサイドからこぼれないようにする
③ 仕掛品をセンサー等で検知して搬送量を制御することにより，搬送設備から仕掛品がこぼれないようにする
④ 搬送設備の半製品搬送部分にカバーを設けるなどして，密閉化することにより仕掛品がこぼれないようにする
⑤ 近接している搬送設備同士の距離を離し，仕掛品同士の混入を防ぐ

(3) 振動コンベヤ搬送設備

　振動コンベヤは，主に固体（粉状，粒状のもの）の搬送に使用されている．その原理は，原料や仕掛品を載せたトラフを振動させて搬送力を得るシステムである．図7.8に，味付装置で味付けした仕掛品を振動コンベヤで搬送し，分配ゲートで分配して計量・包装機に搬送する模式図を示した．振動コンベヤは，食品と接触する部分のみを清掃すればよいので，清掃は容易である．ベルトコンベヤの清掃で問題となる，ベルト裏面への仕掛品の付

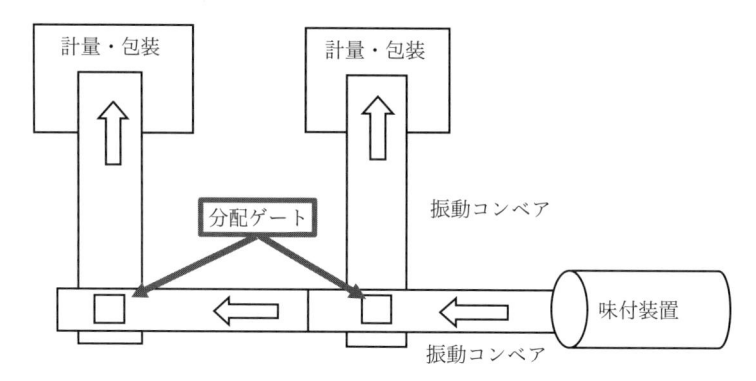

図7.8 振動コンベヤの分配ゲート例

分配ゲート：本例では，味付装置を出た仕掛品は振動コンベヤを流れていき，その後分配ゲートにより分配され，いくつかの計量・包装装置に配分されて包装される．

着などが発生しない．しかし，仕掛品の量の変動や搬送速度の変更などにより，こぼれが発生する．センサー等で仕掛品を検知して搬送量を制御することにより，搬送設備からこぼれないようにすることが必要である．

分配ゲート付きの場合，その仕様がアレルゲン混入防止対策のポイントである．分配ゲートは，駆動機構を持ち複雑な構造なので，取り外すことができないタイプだと清掃精度を上げるのは困難である．分配ゲートを簡単に取り外しできる仕様とし，清掃が容易にできるようにする必要がある．

(4) スクリュー搬送設備

スクリュー搬送設備の例として，図7.9にスクリューフィーダー模式図を示す．その原理は，ホッパーに原料や仕掛品を溜めて，スクリューで均一な圧力をかけてノズルより定量排出するシステムである．スクリューフィーダーの搬送は密閉化が容易であり，こぼれ，

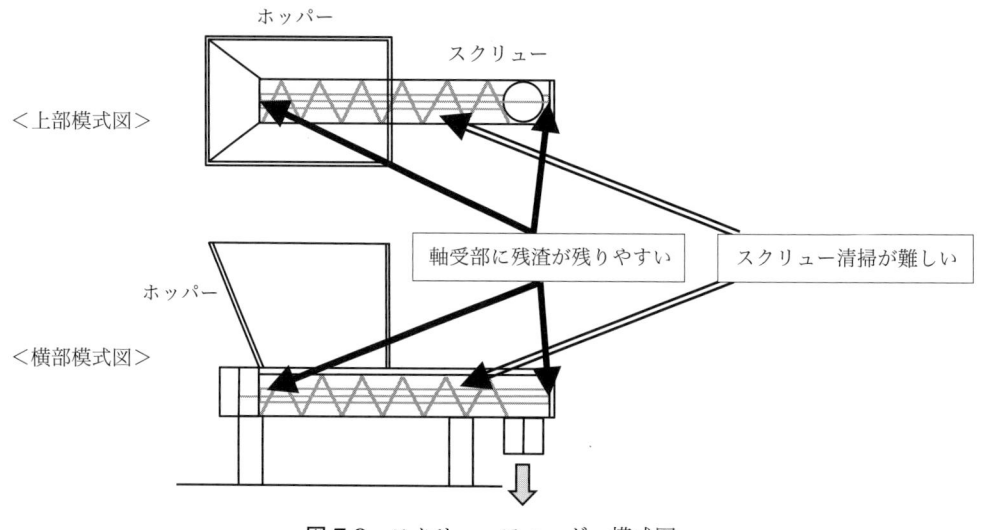

図7.9 スクリューフィーダー模式図

飛散をなくすことができる．しかし，スクリューや軸受部分の清掃が難しく，清掃の出来栄えの確認が難しい．このような場合，スクリュー自体を取り外して隅々まで清掃できる仕様が必要である．

(5) バケットコンベヤ

バケットコンベヤは，チェーンに取り付けたバケットに製品を入れて搬送するタイプのコンベヤである．バケットコンベヤは，前後の仕掛品の乗り継ぎで仕掛品などのこぼれ，飛散が発生しやすく，また，バケットのリターン部で製品のこぼれ，飛散が発生する．そのため，アレルゲンのこぼれや飛散の問題を改善するのが困難である．また，清掃すべき部分に継ぎ目が多数あり，複雑な形状の部分も多いので清掃しにくい．よって，含まれているアレルゲンごとの専用設備を設置することが必要である．

(6) 空気搬送設備

主に，粉状の原料や仕掛品の搬送に用いられている空気搬送設備（空気などの媒体ガスを，輸送管の中を通して粉粒体を輸送する設備）は，配管に付着した残渣除去のための洗浄清掃を行うことが難しい．同一の原料や同一の仕掛品専用の設備とすることで，異種の原料，仕掛品の混入を防止したい．

7.4 アレルゲン対応清掃設備仕様

設備改善によって，アレルゲン管理製品生産後の生産品種切り替え清掃の出来栄えを向上させることは，アレルゲン対策上重要なポイントである．アレルゲンを完璧に近く除去するためには，ブラッシングや掃除機の清掃だけでは清掃の精度が足りないので，洗浄を実施することが基本となる．アレルゲン除去のための清掃設備仕様について，以下に述べる．

7.4.1 設備の洗浄清掃の一般的な方法

設備の各種洗浄方法の定義，およびその洗浄のステップを表 7.6 に示す．

洗浄は，①仕分け ②予備洗浄 ③洗浄 ④すすぎ ⑤脱水・乾燥という 5 つのステップで進めることが一般的である．その具体的な方法については，5 章 5.9.1 を参照されたい．5 つのステップの中では，③の洗浄と④すすぎが，アレルゲン濃度を低下させる工程として重要である．

アレルゲン管理製品生産後の清掃の出来栄えは，ほぼ完璧な洗浄の精度が要求される．

CIP は，作業工数が少なく洗浄後の品質が安定しているので，多く利用されている．CIP の方法（洗浄プログラム）は，洗剤の量，水の量，洗浄時間，洗浄回数などを変更して洗浄効果の模擬試験を実施して決定する．

表7.6 設備の洗浄清掃方式とその手順内容（例）

洗浄の名称	名称の定義	洗浄清掃手順 ①仕分け	②予備洗浄	③洗浄	④すすぎ	⑤乾燥・排水
CIP（Cleaning In Place）	対象機器を定置で自動洗浄する方法	―	自動	自動	自動	自動
COP（Cleaning Out of Place）	対象機器を分解して自動洗浄する方法	手作業	自動	自動	自動	自動
浸漬洗浄機	対象機器を薬剤の入った浸漬漕に入れ洗浄する装置	手作業	自動・手作業	自動	自動・手作業	自動・手作業
泡洗浄機	対象機器に洗剤の泡を吹き付けて洗浄する装置	手作業	手作業	自動・手作業	手作業	手作業
スプレー洗浄機	機器に高圧の水を吹き付けて洗浄する装置	手作業	手作業	自動・手作業	手作業	手作業

①～⑤は洗浄の順番を示している．
自動：清掃プログラム内容を決めることによって自動で洗浄清掃がなされる
手作業：洗浄清掃担当者の手による方法

　複雑な部品や，洗浄液のかかりにくい部品は，分解してCOP（Cleaning Out of Place：対象機器を分解して自動洗浄する方法）で洗浄する．

　浸漬洗浄（対象物を薬剤の入った浸漬漕に入れ洗浄する）は，微生物制御等が必要で高い洗浄精度が求められる場合に使用することが多い．

　泡洗浄機（対象機器に洗剤の泡を吹き付けて洗浄する装置），スプレー洗浄機（機器に高圧の水を吹き付けて洗浄する装置）は，ポンプで泡や水圧を発生させる装置である．それらは，移動が容易で価格も安いので多く使用されている．しかし，洗浄，すすぎで，人の作業を介在させることになり，洗浄精度にばらつきが生じる可能性がある．そのため，洗浄後のアレルゲン残存のチェックを行い，清浄度の確認作業が必要になる．

7.4.2　洗浄対象設備と洗浄方式

　洗浄対象製造設備と洗浄方式についての例を表7.7に示す．

　液体用配管，サニタリー配管（微生物制御が必要な内容物を搬送する場合に使用される配管），プレート式熱交換機（多層の金属プレート間を食品等が通り，熱処理や冷却処理する装置），パスチュライザー（加熱殺菌装置）等の，密閉できる配管などの洗浄対象設備ではCIP洗浄が使用できるので，洗浄の質を保つことが可能である．

　サニタリー配管，プレート式熱交換機とパスチュライザーは，分解洗浄が可能な設計になっており，COPを利用することが一般的であるが，微生物制御が必要な場合に浸漬洗浄を利用することができる．

表 7.7 設備の洗浄対象と洗浄方式（例）

洗浄方式＼設備	液体用配管	サニタリー配管	プレート式熱交換機	パスチュライザー	液体保管用タンク	ベルトコンベヤ	床・壁
CIP	○	○	○	○	△		
COP	△	○	○	○		△	
浸漬洗浄		○	○	○			
泡洗浄機					○	○	○
スプレー洗浄機					○	○	○

一般的な洗浄設備についての洗浄方式を挙げた．
○：有効な洗浄方式　　△：適用されている例のある洗浄方式
サニタリー配管：微生物制御が必要な内容物を搬送する場合に使用される配管
プレート式熱交換機：多層の金属プレート間を食品等が通り，熱処理や冷却処理する装置
パスチュライザー：加熱殺菌装置

　液体保管用タンクは CIP を実施することが一部可能であるが，形状が複雑で大型なので，人手による仕上げが必要である．

　床および壁は広大で移動が難しいため，泡洗浄，スプレー洗浄を利用して人が仕上げを実施するので，洗浄精度を上げることは難しい．

7.4.3 洗浄清掃できない設備

　アレルゲン管理製品生産後の生産品種切り替え清掃を実施する場合，清掃精度を安定化させるために洗浄工程を入れることが望ましい．しかし，フライ加工設備，チョコレート加工設備など油脂が含まれるラインや，機器の電気系統が防水仕様となっていないなどの理由で，水を使用した洗浄清掃ができない設備がある．そのような場合，ラインごとに使用アレルゲンを区分けして生産するか，水を使用しない特殊な清掃方法を採用することになる．

7.4.4 吸引清掃

　アレルゲンを拡散させないために，吸引式の掃除機およびセントラルクリーナー（1台の掃除機に複数の吸引口を設けるシステム）を利用することを推奨する．この場合，排気を室外に送るか，室内に排気する場合は，集塵性能の高いペーパーフィルター等を利用する必要がある．

　掃除機，セントラルクリーナーの清掃能力は，風量と圧力で決まる．一般的には，その圧力は 20 KPa（キロパスカル）以上が必要とされている．

　従来の清掃の1つに，エアガン等でエアを吹き付けて残渣を吹き飛ばし，1箇所に集め

た後に，掃除機，ほうき等で収集する方法があるが，アレルゲンを飛散・拡散させることになるので，この方法は避けるべきである．

7.4.5 設備改善後の「清掃基準書（アレルゲン）」の運用

設備改善を行った後は，5章5.9「清掃時のアレルゲン対策」で示した「清掃基準書（アレルゲン）」の運用につなげることになる．清掃しやすい設備を作り上げていくには，技術担当者自らが製造現場の清掃作業の確認を行うとともに，清掃作業者とのコミュニケーションをとることが重要である．

7.5 おわりに

著者は，今まで食品機械のシステムおよび設備の開発を中心に仕事を続けてきた．近年，食品衛生への取り組みが増えており，その中で異物混入防止など品質を確保する業務比率が高まっている．

以前，社内のアレルゲン対策プロジェクトに参加した際，アレルゲン混入防止対策を設備の面より行っていく上でモデルとなる文献や設備仕様が少なかったため，試行錯誤で対策を講じた覚えがある．

これまでは，食品衛生に関する管理はHACCPの手法を基本にしてきたが，アレルゲン対策はHACCP手法だけでは対応が困難な部分が多いと考えている．本章が，これからアレルゲン対策の設備改善を検討しようとお考えの方に，お役に立てれば幸いである．

8章　ITシステムを用いた原材料表示の実際と表示作成

　食物アレルギーの方々が食品を購入するときに最も注意される情報は，原材料表示であると思う．2章2.1でも述べたが，原材料表示は購入する商品を選択する上での重要な情報源である．逆に，食品会社から見れば，原材料表示の情報を含むパッケージ表示は，消費者に伝えるべきすべての情報であるために，間違いは許されない．そして，パッケージ表示全体を正確に作成することによってアレルギー情報を正しく消費者へ伝えることができる．

　また，食品会社は商品情報を伝える際には「正確な情報」を「わかりやすく伝えること」を強く意識するとともに，原料情報の入手から得意先へ提出する情報を作成するまでの一連の流れを管理することが重要な使命である．人手だけに頼る原材料表示作成方法では，ミスが発生する確率が高く，その防止にはITシステムの助けが必要となる．本章では，管理する情報のうちアレルギー表示を含む原材料表示を，ITシステムを用いて作成する方法を紹介する．

　なお，以下に言葉の定義を示す．
① 商品情報：開発コンセプトや品質規格，JANコードや自社コードなど
② 原料情報：原料に関わる情報の総称，この一部を用いて原料規格書を作成
③ 原料規格書情報：サプライヤーから購入する原料の品質規格に関わる情報など
④ 包材情報：包材規格書を主体とした品質に関わる情報
⑤ 配合情報：使用している原料情報や配合量，配合率，歩留など
⑥ 原材料表示情報：配合情報に基づいて作成される原材料名
⑦ 表示情報：原材料名や名称，販売者情報などパッケージに表示する情報の総称
⑧ カルテ情報：商品のコンセプト，商品仕様，取引条件など得意先に提出する情報
⑨ 共通の原料規格書情報：MerQurius Net（メルクリウス ネット，後述）で定義した原料規格書情報

8.1　ITシステム導入前の状況

　食品会社が行う原材料表示作成業務は多くの時間を必要とし，難しく，またミスが許さ

れない．その要因としては，以下のようなことが考えられる．
　① 自社の原料規格書書式がないこと
　② 原材料表示の作成やチェックに時間がかかること
　③ 原料規格書情報取得から原材料表示作成までに膨大な転記作業が必要となること
　④ 原材料表示を間違えた場合のリスク

他に，食品表示に関わる法規を正確に把握し続けなければならないことも大変な努力と時間を必要とする仕事である．

以下に，それらの要因のうちいくつかを取り上げて詳しく述べる．

(1) 原料規格書情報の授受に時間がかかる

食品会社からサプライヤーへ原材料規格書の提出を依頼したが，サプライヤーからの原料規格書入手に時間がかかるという話を耳にする．サプライヤーの立場からは，各社ばらばらの書式で求められるので，同じような情報をその都度手で記載するために時間がかかる，とのことである．

例えば，品質規格値，分析方法，一般生菌数や大腸菌群などの微生物規格，色・味・風味などの官能規格，pHや塩分，水分などの理化学規格などについて，A社では2ページ目に記載，B社では4ページ目に記載，といった状況になっている．これでは，作成に時間がかかるばかりではなく，情報の転記ミスを誘発する可能性もある．

もし，原料規格書の書式が同じであり，またそこにサプライヤー自身が既に登録している原料情報が予め書かれていたらどうだろうか．サプライヤーは，依頼された提出先ごとに変更するところだけを記載すればよい．これによって，原料規格書作成の負荷は軽減され，また精度は向上するのではないだろうか．

(2) 原材料表示作成に時間がかかる

原材料表示作成作業は（本章8.2参照），基本的には配合情報から使用している原料規格書情報を集約し，配合量の多い順に原材料名を並び替える作業である．しかし，この作業には各種法規や添加物の表示ルール，アレルギー代替表記，GMO表記など様々な遵守事項が付随するため，多大な負担がかかっている．

もし，「配合量の多い順に並び替える」「添加物物質名から表示可能な選択肢を提示する」「アレルギー代替表記対象原料であればアレルギー表示を省略してくれる」などの仕組みがあれば，作成時間が大幅に削減されるのではないだろうか．

食品会社が原材料表示作成に要する時間は，表計算ソフトなどを用いている場合でも，半日〜2日程度かかると聞く．この時間が，例えば1〜2時間程度まで短縮されるなら，食品会社の負荷の軽減とともに作成に関わる人数を適正化することも可能になる．

(3) 誤表記による商品回収リスク

商品パッケージのアレルギー表示間違いやアレルギー表記漏れが発見されると，食品会

社は即時に自主回収を行うことになる．同時に会社のイメージが損なわれるため，費用に表れないダメージも計り知れない．

1章表1.1にも示したが，アレルギー表示や添加物表示の間違いが，自主回収件数のうち15.7％（平成26年度）を占めている．少なくともこのような表示間違いをなくし，商品回収のリスクを軽減することが必要である．アレルギー物質の表記漏れ，添加物の複雑なルールを補完してくれる仕組みを用いて，このリスクを軽減できないだろうか．

原材料表示間違いのリスク軽減には，従来通りの「人の手」によるチェック体制を強化する方法，外部機関へ情報作成業務を委託する方法，ITシステムを用いて情報管理を強化する方法などが思い浮かぶ．人の手によるチェック強化では，疲れ，油断，勘違いなどからのミスをなくすことは難しい．外部機関への委託も結果的に作成する人が異なるだけで，人の手の限界からは抜け出せない．そこで，ITシステムの活用による解決が望まれる．

ITシステムの活用では，表計算ソフトやデータベースソフトなどを用いて，原材料表示作成の自動化を図る取り組みが見られる．しかし，食品会社は取り扱う商品数の増加，商品ライフサイクルの短期化，原材料の変更による配合情報変更や原材料表示情報の変更，法規の改正などで常に原材料表示情報の確認業務に追われている．また，アレルギー表示対象原料，使用可能な添加物の増減，各種法規改正などが発生するたびに，発売している商品に関する情報（ここでは，特に原料規格書情報と原材料表示情報）について確認を行わなければならない．このような状況がなくなれば業務負荷が軽減され，ミスも防止できるようになる．

8.2　原材料表示作成までの業務

食品会社が行う原材料表示作成までの業務の概略を図8.1に示す．一般的には商品開発決定後，原料規格書情報入手，配合表作成，原材料表示情報の作成を行う流れになる．その後，対外的な商品情報を作成し，得意先が求める形で情報提示を行うことになる（3章3.4.1参照）．

図8.2には，食品の商品開発に応じた業務の流れをもう少し詳しく示す．

商品開発は，自社企画や得意先からの要望に基づいて，どのような商品を作るかを検討するところから始まる．市場動向を把握した後，商品コンセプトを明確にし，商品の仕様検討，設計試作を経て標準的な配合を決める．試作やラインテストを行った後，実際の製造配合が決定する．ここまで来ると，商品パッケージやデザイン情報も確定していることが多い．発売前には得意先に対してカルテ情報を提出するとともに商談が開始され，注文を獲得することで工場生産につながる．

この商品開発業務支援のためのITシステムの導入の方法は，下記のように，いくつか考

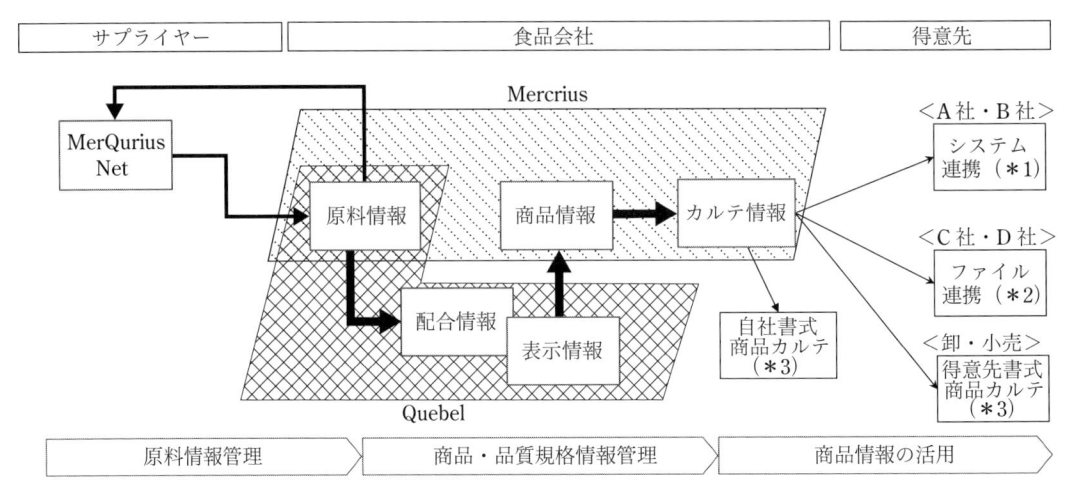

図 8.1 商品開発における業務の流れと各システム（簡易版）

（＊1）A社，B社が提供するシステムへ人手を介することなく，相手方のシステムに登録を行う．
（＊2）C社，D社が提供するシステムが取り込みできるファイルを作成し，相手側システムで登録作業を行う．
（＊3）自社あるいは得意先書式に沿った書類（商品カルテ：名称や仕様などが記載されている）を作成する．

えられる．

① カスタマイズ不可のパッケージシステムを導入し，業務をシステムに合わせる方法
② カスタマイズ可能なパッケージシステムを導入し，システムと業務を合わせる方法
③ 業務に沿って一からシステムを構築する方法

いずれの方法も良し悪しがある．③が理想かもしれないが，時間とコストがかかることが予測される．それに対して②では，「現状業務の問題点の洗い出し」を行い，「システム化の下に業務のあるべき姿」を描くことが可能である．このシステム構築に専門家の協力を得ることができれば，正しく原材料表示を作成するための業務を見出せるであろう．

ここからは，JFE システムズ株式会社が開発・販売している MerQurius を例に，正確な原材料表示を作成するための支援システムについて述べたい．

商品情報統合データベース（Mercrius〔メルクリウス〕） は，商品情報を中心に，原料情報，配合情報，包材情報など，商品に関連した情報管理を行うシステムである．ワークフローによる作業進捗把握，入力・照会，書類出力などを可能としている．また，商品名からその商品で使用している原料名の検索，あるいは原料名から使用している商品名の検索や，現在の商品情報と過去の商品情報の比較機能などを有する．さらに，カルテ情報も管理しており，現時点でどのような情報を得意先に提示しているのか，最新情報に変更する必要がないかを判断することができる．

原料規格書サービス（MerQurius Net〔メルクリウス ネット〕） は，サプライヤーとの原料規格書授受のシステムで，原料規格書の書式を共通化し，サプライヤーからの原料規格書情報を迅速かつ効率的に受け取ることができるサービスである．この，共通の原料規格書をインターネットで受け渡すことで，サプライヤーから速やかに正確な情報が入手で

8.2 原材料表示作成までの業務

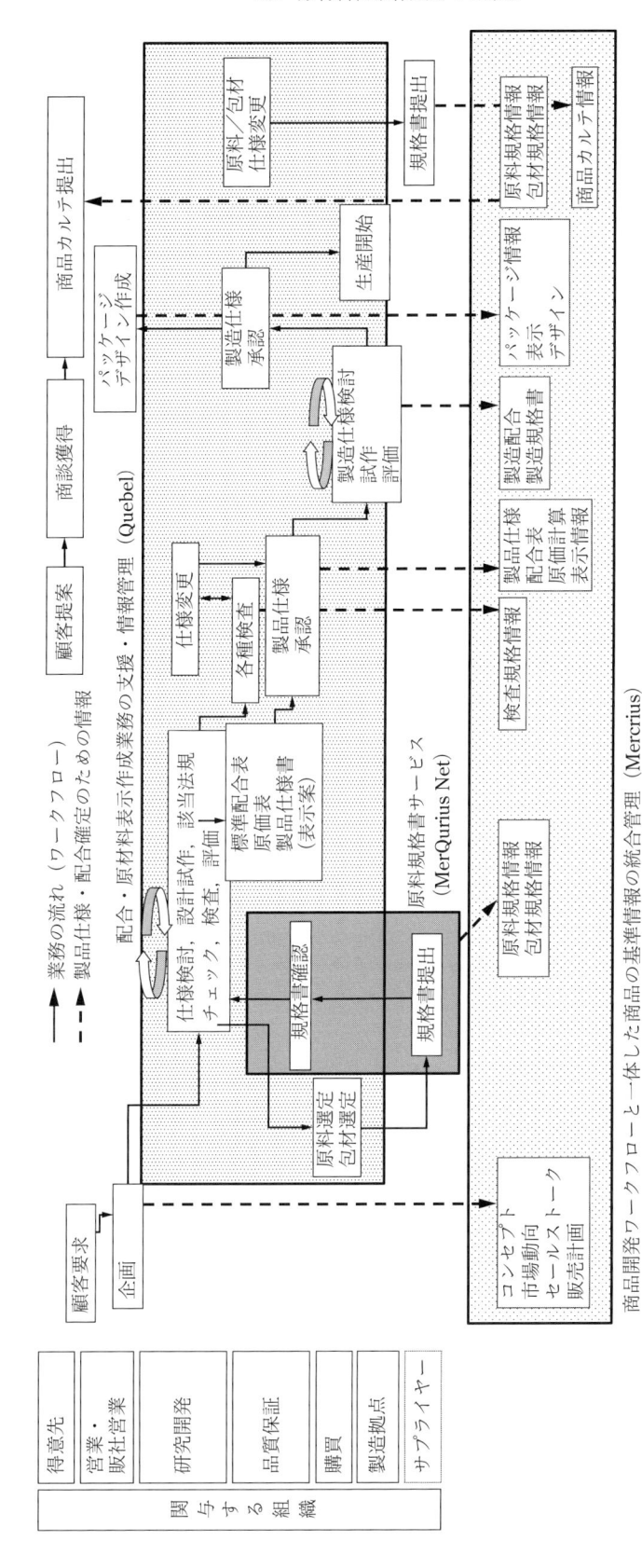

図 8.2 商品開発における業務の流れと各システム（詳細版）

きる．共通の原料規格書書式と授受の仕組みは，本サービスに加入する前提でいくつかの食品会社から意見を聞き，食品会社とともに策定したものである．

配合・食品法規マネージメント（Quebel〔キューベル〕）は，原材料表示作成を中心に配合情報，栄養成分情報，原材料表示情報，パッケージ表示情報に関連した情報管理を行うシステムである．今まで属人化していた配合・原材料表示の作成を「見える化」し，社内の共通業務として再構築する．原材料表示情報の作成を支援することにより，誤表示のリスクを軽減する．配合情報をもとに，使用している配合を原料や添加物から検索する，配合情報から使用されている添加物の使用基準をチェックする，添加物物質名から表現可能な原材料表示文言を提示する，などの機能を有する．

8.3 原料規格書の収集

次項からは，はじめに商品情報の源泉となる原料規格書情報の収集について述べ，次に原材料表示の元となる配合表作成と併せて，原材料表示作成におけるITシステムの活用を説明する．

原料規格書の収集において，以下では「依頼者」を，「一般用加工食品の生産・販売を行う会社などの原材料表示を主体的に行い，原料規格書情報の提出を依頼する会社」と定義する．また「サプライヤー」を，「原料の購入に際し直接取引する帳合先（商社，卸，問屋），原料会社などで原料規格書情報を記載する会社」と定義する．また，原料規格書の必要記載事項は，3章3.3.1表3.3を確認されたい．ITを用いた原料規格書収集の手順について，以下に述べる．

8.3.1 原料規格書収集方法における課題

食品会社が行う原料規格書情報の収集には，紙媒体あるいは電子媒体が多く用いられる．一部では，自社で商品情報の管理や原材料表示の作成を行うシステムを作り，サプライヤーにインターネット経由での原料規格書情報の提出を依頼している（以下，これらのシステムを原料規格書情報授受システムと称す）．電子媒体によるシステムには，依頼者が用意した「記載ルール」に則って書かれているか否かを判断する仕組み（チェック機能）が組み込まれることも多い．しかし，サプライヤーの中にはその仕組みが理解されずチェック機能を使用しないまま提出されることも少なくない．原料規格書の更新時には前回提出から時間が経過しているため，サプライヤーは仕組みを忘れていることも多い．

また，インターネット経由での情報提出にかかる設備とその維持費，さらにはPCの基本ソフトであるOS（Windowsなど）や原料規格書情報授受システムを使用するためのブラウザソフト（Internet Explorerなど）がバージョンアップされたときのメンテナンス費

用は，依頼者にとって多大な人件費や作業負担となる．

電子媒体とインターネット経由での提出，いずれの方法でも，原料規格書に記載する項目や選択肢（添加物物質名やアレルゲン名など）の追加は，依頼者自身で作業を行う必要がある．また，サプライヤーへ原料規格書情報授受システムの使い方や書き方を説明する，質問を受けて回答する，という作業も発生する．ゆえに，原料規格書の提出を依頼すると，多くのサプライヤーから同様の質問を何件も受けることになる．これでは，依頼者の作業負荷が高くなり，本来の業務への影響が大きくなる．

一方，サプライヤーの方から見ると，「依頼者ごとの原料規格書書式」が複数存在することになる．どの依頼者に対しても同様な原料情報を記載するにもかかわらず，書式が異なるがゆえに毎回一から書かなければならない．依頼者ごとに情報開示しなければならない内容が異なることもあるが，それでも同様の情報を毎回書くというのは負担である．

また，依頼者の都合で書式が変更された場合にも対応せざるを得ないが，再度新たに書き直すのは負担が大きい．ほんの少しの情報追記のために，新しい書式に一から記載することになれば，提出するまでに時間が必要となる．

依頼者は，サプライヤーから提出された原料規格書情報が正確であることを前提に原材料表示を作成する．そのため，サプライヤーの原料情報の記載ミスと負荷を軽減することが重要である．これらの解決の方策として次項と次節で2つのITシステム，「原料規格書授受の仕組み」と「原材料表示作成の仕組み」を紹介する．

8.3.2 原料規格書授受の仕組み

依頼者が原料規格書授受に対して求めるのは，記載内容が正しいこと，依頼したら速やかに提出されることである．一方，サプライヤーにとっては，依頼された原料情報に対して既に他社へ提出済みの内容を再利用できれば，記載負荷は軽減される．既に取引している情報を再利用できるのだから，記載内容は正しく，サプライヤー社内では確認済みであり，即座に提出が可能となる．

サプライヤーと効率的な原料規格書情報の授受を可能とするサービスとして，前節で述べたMerQurius Net（以下，MerQNet〔メルクネット〕と称す）を取り上げる．

MerQNetにおける原料規格書情報の流れを，図8.3に示す．

MerQNetにおける原料規格書情報の記載は，依頼者からの「原料規格書情報を提出してください」という「①依頼」を起点とする．依頼を受けたサプライヤーは，依頼された原料情報が自分達で記載できるのか否かを判断する．自分達で記載できるのであれば，自社内の作業ルールに則って記載し，依頼者へ「②提出」する．

依頼者は，提出された原料規格書の内容の確認を行い「③承認か差戻」を行う．一方，原料情報を記載することが困難なサプライヤー，例えば卸や商社，問屋などの帳合先は，何

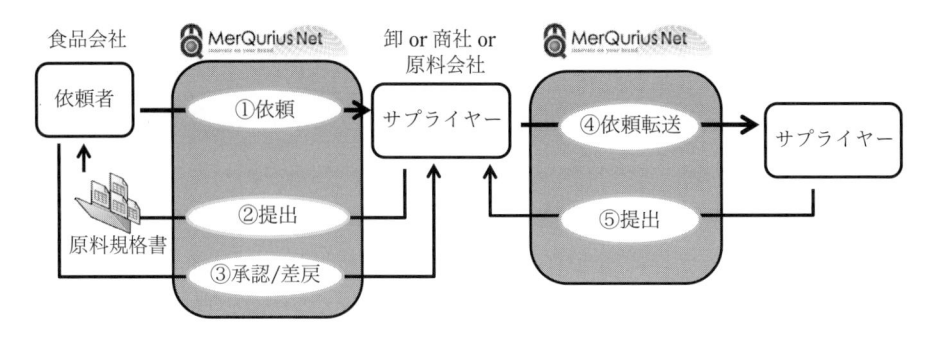

図 8.3 MerQNet における原料規格書情報の流れ

らかの方法を用いて原料情報を入手することになる．

1つ目の方法は，MerQNet の機能を用いて，実際に原料を製造している原料会社へ「④依頼転送」で記載依頼を行い「⑤提出」してもらう方法である（MerQNet での推奨方法）．2つ目の方法は，帳合先が MerQNet から依頼された原料ごとに原料規格書をダウンロードし，今までやり取りしていた方法，例えばメールなどによる記載依頼をサプライヤーに行うことである．他にも，帳合先がサプライヤーから電話なり FAX なりで原料情報を聞き取り，代行入力することも可能である．

MerQNet の特長は次の3つである．

① MerQNet を利用する依頼者は，「共通の原料規格書」を用いること
② 原料規格書情報の提出作業を，インターネットを介して行うこと
③ 依頼者，サプライヤーからの質問に対する1次窓口（ヘルプデスクセンター）が存在すること

この3つの特長によって，サプライヤーの原料規格書情報記載負担の軽減，依頼者が求めるルール通りに記載されたか否かのチェック，そして質問窓口の統一による質疑応答時間の短縮を実現している．また，依頼者にとっては，原料規格書提出までの時間短縮，誤入力の減少，原料規格書チェック時間の短縮が実現されている．

(1) 共通の原料規格書

先にも述べた通り，原料規格書の書式が依頼者ごとに異なるのは，記載する側にとって作業負荷も高く，記載ミスの原因になる．

MerQNet を使用する依頼者は，すべて同じ原料規格書書式を使うルールとなっている．そのため，共通原料規格書の実現により，サプライヤーは毎回同じ「書式」の原料規格書へ，MerQNet が定めている同じ「記載ルール」に則って記載すればよい．MerQNet では依頼者が得られる原料規格書情報のレベルを一定水準以上に保てるように，MerQNet 原料規格書に「記載ルールに則っているか否かのチェックプログラム」，「添加物物質名，原産国名，アレルゲン物質などの辞書機能」をもたせている．

この MerQNet 原料規格書はシステム会社が独断で作ったものではなく，十数社の食品

メーカーと検討を重ねて運用実態に即した書式，および記載ルールとして賛同を得たものである．

図 8.4 は，原料規格書の 1 ページ目である．図では商品名のところが濃い網かけ部分となっている．MerQNet では，例えば商品名（依頼者から見れば原料名）は必ず記載するルールとなっている．記載漏れなどの場合には，チェックプログラムを実施すると「記載を促すメッセージ」と「記載すべき場所をハイライト」で記載者へ通知する．

原産国や添加物物質名，添加物用途名，アレルゲンや GMO などは，記載する際の決まり事がないと，記載担当者によって文言が統一されない可能性がある．例えば，原産国には「アメリカ」と「米国」，添加物物質名では「ナトリウム」と「Na」が混在する可能性がある．これでは，原料情報を検索活用する際に，考え得る検索文言をすべて入力しないと見つけることができない．

そこで，統一できる文言は辞書として予め用意し，文言の統一を図り，活用する側の検索負荷を下げる機能をもっている．

MerQNet 原料規格書で記載する主な項目は次の通りである．

・サプライヤーの社名，住所，連絡先
・原料会社の社名，住所，連絡先
・原料パッケージに添付される原料名，原材料表示内容（アレルギー表示を含む）
・荷姿，包材仕様，ロットの定義，賞味期間，取り扱い上の注意，保管条件
・品質規格と規格値，分析方法，検査頻度
・使用原料情報（1 次〜5 次原料，添加物物質名と用途，添加物の非表示理由（キャ

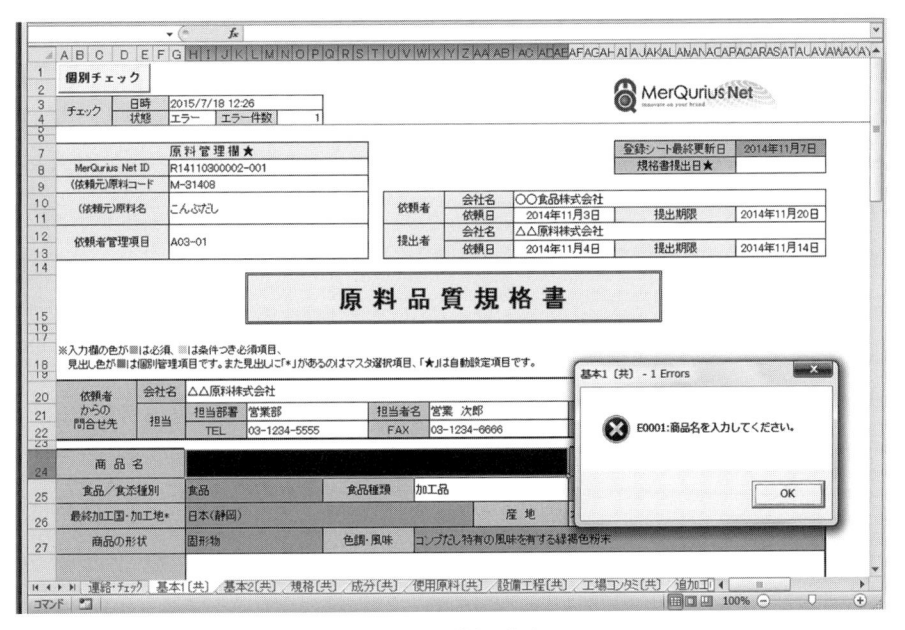

図 8.4 MerQurius Net 原料規格書のエラーチェック

リーオーバー/加工助剤にあたるもの），原産国，アレルゲン，GMOなど）
- 原料製造工程フロー，製造工程内の検査機器に関する事項
- アレルゲンのコンタミネーションの可能性に関する事項
- 原料の写真（ラベル，荷姿など），別添書類（残留農薬検査証明書，産地証明書など）

原料規格書は1回提出したら終了，というのではなく，何らかの理由でサプライヤーから再提出される場合がある．例えば，依頼者がサプライヤーに原料規格書情報の定期的な確認を行う場合である．原料情報に変更がある場合，依頼者はサプライヤーから申請された変更内容を容認できるのであれば，新しい原料規格書情報を提出してもらうことになる．このとき，申請内容通りの変更であるのが当然であるが，たまたま申請していない部分の情報を変更してしまうこともあり得る．そのため，MerQNetには新しい原料規格書を受け取った際には，過去に提出された情報と比較する機能を有する．

(2) インターネットを介した原料規格書の提出

依頼者が原料規格書そのものにチェックプログラムの仕組みを作っても，サプライヤーは，それを実行しないで提出，あるいはチェックプログラムを無効にして提出する可能性がある．そこで，MerQNetでは同じチェックプログラムをインターネット上の画面にも用意し，提出の際にチェックが行われるようにしている．この結果，依頼者は必ずチェック済みの情報を受け取ることになる．この方法であれば，原料規格書情報に関する内容確認および差し戻しについて，サプライヤーとのやり取りの回数が減ることになる．

また，MerQNetではインターネット上に原料規格書情報を保管している．これにより，原料規格書記載事項を変更しなければならない事柄が発生した場合，変更すべき部分のみを追記あるいは変更すればよいことになる．

例えば2013年9月に，アレルギー表示推奨項目に「ごま」「カシューナッツ」追加の法改正[1]（3章3.3.5参照）が施行されたが，従来の方法だと依頼者から原料規格書がサプライヤーに電子メールで送付され，新たな書式に一から記載することになる．しかし，MerQNetでは，過去に提出した原料規格書情報はインターネット上に保管されている．そのため，MerQNetの原料規格書においては，アレルゲン項目が追加された，あるいは別添書類などの選択肢が追加になったとしても，過去の記載に対して新たに追加する情報のみを追記するだけでよい．

加えて，インターネットを介した場合は，原料規格書情報をコピーすることができる機能を有する．これは，サプライヤーが自社の原料を複数の依頼者に提出する場合にメリットとなる機能である．1社目の依頼者に提出する際には一から記載する必要があるが，2社目以降であれば最初の会社に提出した内容をコピーすることができる．もちろん，会社ごとに開示する情報レベルが異なる場合もあるだろう．また，留型品（食品会社が当該新製

品に合う原料となるようサプライヤーに依頼して作製してもらったもの）のように，配合を変更したり，製造工程を少し変更したりすることがある．そのような場合でも，共通の原料規格書情報に一部手を加えるだけで，新たな原料規格書の完成が容易に可能となる．

ただし，MerQNet はインターネットを介した仕組みであるので，食品会社にとって重要な情報を外部に漏洩しないための対策が必要となる．通常，インターネットの仕組みでは，ログインするための ID，パスワードが必要である．MerQNet では，さらに「端末認証」を求めることを組み込んでおり，MerQNet にログインする端末を限定するものとなっている．これは，例えばコンピューターウイルスが仕組まれている社外の端末から MerQNet にアクセスした際の，情報漏洩となることを防止するためである．

(3) ヘルプデスクセンター

従来，サプライヤーは作成依頼を受けた原料規格書について書き方がわからない，エラーが解消されないなどの問い合わせは依頼者に連絡していた．当然，いくつかの原料を納入しているサプライヤーの場合は，原料ごとに依頼者が異なることが多いので，質問先が複数にわたる．また，依頼者側も質問を受ける体制を整えておく必要があるが，これでは双方の負担をなかなか減らすことができない．

そこで MerQNet では質問の 1 次窓口としてヘルプデスクセンターを用意し，双方の仲介役を担っている．問い合わせの 7 割は一般的な操作の問合せ（原料規格書のチェックプログラムが動かない，MerQNet にログインできない，手続き方法がわからない，など）である．依頼者は，原料規格書の内容に関係ない質問を受けなくて済むので，大幅に負担が軽減されることになる．

MerQNet の詳細については，MerQNet ポータルサイト（MerQurius +i（メルクリウス・プラスアイ）https://merqurius.jp/）をご覧いただきたい．また同サイトには，食品業界 News や食品法規 News，食品業界に携わる方々のコラムなどを掲載しており，食品に関する情報収集の一助になるかと思う．

8.4 配合表の作成と原材料表示の作成

原料規格書を入手した後，配合統合表（3 章 3.4.2 表 3.8〜3.11 参照）や表示検討資料（3 章 3.4.2 表 3.12 参照）の作成によって，原材料表示作成の準備がなされる．配合表作成の詳しい手順については，3 章 3.4.1 を参照していただくとして，原材料表示作成までの流れは，以下のようになる．

① 原料規格書情報の記載・収集
② 配合統合表の作成（使用する原材料と配合量の登録）
③ 法規に則った原材料表示の作成

この流れの中で重要なポイントは,「情報の転記」がないことである.

8.4.1 原材料表示作成の仕組み

原材料表示を作成するためには,少なくとも次の機能が必要である.

1) 原料情報と配合情報管理に関する機能
① 原料規格書情報の管理(内容確認,承認機能)
② 原料規格書中の原料情報に対する原材料表示文言の社内設定
③ 配合情報の作成(使用原料,配合量・配合率などの登録)

2) 原材料表示の作成に関する機能
① 個別の品質表示基準の選択と適用
② 原材料表示の作成
　a) アレルギー表示の「一括表記」が可能なものか確認
　b) 括り名の設定(8.4.3 (2) の1) 参照)
③ 原材料表示の修正
　a) 添加物の表記方法の変更
　b) アレルギー代替表記の設定

次項 8.4.2 および 8.4.3 にて,配合・食品法規マネージメント(Quebel)を例に用いて,原料情報の管理,配合表の作成および原材料表示作成の具体的な方法を述べていきたい.

8.4.2 原料情報と配合情報管理に関する機能

具体的な原材料表示に関する機能の内容について,以下に述べる.

(1) 原料規格書情報の管理

食品会社は,サプライヤーから提出された原料規格書の原料情報について,内容の確認や社内で承認を行う仕組みが必要である.提出された原料規格書のうち「原料名」,「社内原料コード」,「サプライヤー名」などの情報は,社内で一元管理している会社が多い.

また,原料品質に問題が発生した場合には,使用している原料の調査が必要である.そのためには,「原料名」での検索,「サプライヤー名」での検索など,1つの情報で検索するだけでなく,例えば「XX 会社が製造している原料,かつ添加物物質名に酢酸カルシウムが含まれている原料」といった複合的な情報で検索が可能な機能が必要となる.

Quebel では,原料情報を任意の項目で複合的に検索する機能や,表示のソート機能を有している.図 8.5 は,その一例である.

Quebel では,原料規格書の情報が表示されている画面にて,さらに原料情報の具体的な内容確認を行うことができる.その情報とは,原料規格書情報,原料規格書と同時に提出される別添書類(農薬検査証明書や産地証明書など)の情報,およびラベルや個包装など

図 8.5 Quebel の原料一覧画面

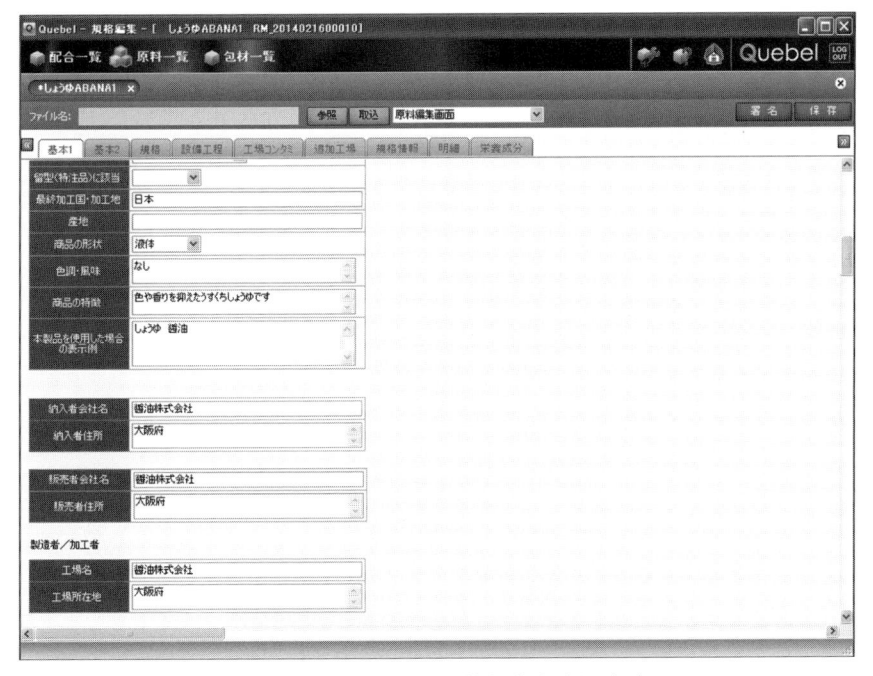

図 8.6 Quebel の原料情報内容確認画面

の画像情報である．図 8.6 はその一例である．

サプライヤーから提出されたすべての原料規格書は，Quebel の原料一覧で一元管理する．

食品会社は，受け取った原料規格書を社内承認ワークフローに従って，内容確認，承認／差戻を行う．また，承認する際には当該原料が「どの商品に使用予定」なのか把握できな

いと，承認してよいのか否か判断ができないこともある．原料採用の承認申請者（商品開発担当者であることが多い）は，上長や品質保証担当者などの承認者に対して，承認を受けるために十分な情報を用意しなければならない．承認申請に必要な情報は，承認ワークフローを検討する際に決める必要がある．MerQuriusでは，承認申請を行う担当者が必要とする情報に加え，承認者が必要とする情報が異なる場合でも必要な情報を画面に容易に反映させることができる仕組みを用意している．そのため，社内のルールが変更になった場合でも，短期間での対応が可能である．また，食品会社社内で，誰が，どの情報を閲覧可能なのか，どの項目を閲覧可能にするのかなど，権限設定によってセキュリティを強化することが可能である．

(2) 原料規格書中の原料情報に対する原材料表示文言の社内設定

3章の冒頭で前述したが，原材料表示やアレルギー表示を正しく行うには，食品表示基準を理解した上で，それに則り社内の原材料表示やアレルギー表示に関するルールを決める，そのルール通り原材料表示やアレルギー表示を作成する，といったことが必要である．その例をいくつか示してみたい．

原材料表示を作成するには，原料規格書情報のうち，その商品を構成している原料，2次原料，3次原料をどのような文言で表示していくのか決める必要がある．なかには，サプライヤーから届いた原料規格書の原材料名（サプライヤーにとっては商品名）が記号で書かれているが，実際は小麦粉であった，ということもあるだろう．

また，複合原材料については，その内訳を含めて表示することが基本であるが，以下の場合は内訳表示を省略することが可能である[2]．

　① 複合原材料の製品の原材料に占める重量の割合が5％未満であるとき
　② 複合原材料の名称からその原材料が明らかなとき
　　　なお，複合原材料の名称からその原材料が明らかなときとは，以下のような場合である．
　　　a) 複合原材料の名称に主要原材料が明示されている場合
　　　b) 複合原材料の名称に主要原材料を総称する名称が明示されている場合
　　　c) JAS規格，食品表示基準別表第三，公正競争規約で定義されている場合
　　　d) 上記以外で一般にその原材料が明らかである場合
　③ 当該複合原材料の原材料が3種類以上ある場合は,当該複合原材料の原材料に占める重量の割合の高い順が3位以下であって，かつ当該割合が5％未満である原材料については「その他」と表示することができる

この，省略可能な表示については，その原料を使用する食品会社によって省略するか否かを判断することができる．

例えば，醤油を構成している大豆，小麦，塩についてであれば，まとめて「醤油」とし

て表示するのか，「醤油（大豆，小麦，塩）」と表示するのかは，その原料を使用する会社によって判断が異なる．このような省略可能な表示については，その原料を使用する食品会社によって省略するか否か社内ルールを決めておく必要がある．

原材料をどのような文言で表示するのかを予め決めておくと，次のようなメリットがある．

① 作成者による文言のばらつきがなくなり，会社として記載表現の統一ができる
② 複合原材料について，その商品を販売する得意先によって情報開示レベルを設定できる（例えば，A社向け商品には「発酵調味料」と表示するが，B社向け商品には「発酵調味料（昆布エキス，食塩，米，酒）」と内訳を表示することが可能となる）

(3) 配合情報の作成

Quebelの配合表作成に必要なのは，使用する原料の指定とその「配合量あるいは配合率（以下，配合量と称す）」である．その他，必要に応じて歩留や原料を用いて加工した後の水分変化など，製造上の加味すべき事項も算出できるよう入力する．これらの情報によって，使用されている原料が全体に対してどれくらい使用されているのかを計算することが可能となる．

その計算結果を用いて原材料の多い順に並べることができれば，原材料表示が作成可能になる．

Quebelの配合情報も原料規格書情報と同様に，作成された情報の確認や社内で承認を行う仕組みが必要である．また，過去に作成した配合情報から類似商品を作る場合や復刻商品を作る場合など，検索する場面が多いため，配合情報の検索機能も原料規格書情報と同様に重要な要素である．

配合計算の方法は，食品会社によって異なる．また，同じカテゴリ，例えば菓子や冷凍食品などそれぞれのカテゴリに属する会社間でも，配合計算に関する考え方は異なる．そのため，例えば重量計算，小麦粉100％に対して投入する原料の使用量を算出するベーカーズ％，水分量が変化する乾燥計算などにおいて，会社ごとの配合計算が求められ，それらに対応した仕組みが必要である．

配合表作成には，作成する配合計算の種類を決定したら，次は使用する原料の配合表への登録を行う（図8.7）．原料を登録し，配合に関わる情報，例えば，配合量，歩留などを入力することで，配合表を完成させる．また，Quebelでは原料規格書の栄養成分情報と配合量の入力によって，理論上の栄養成分計算が自動的に行われる．この機能によって，栄養成分値を確認しながら配合量を調整することが可能になる．

例えば新商品を開発する際に，従来商品より10％エネルギーを削減したい，ナトリウム量を600 mg/100g以下にしたい，など配合作成に制約がある場合に有効である．また，栄養成分計算は原料規格書情報からの単純な足し算だけではなく，エネルギーの修正アト

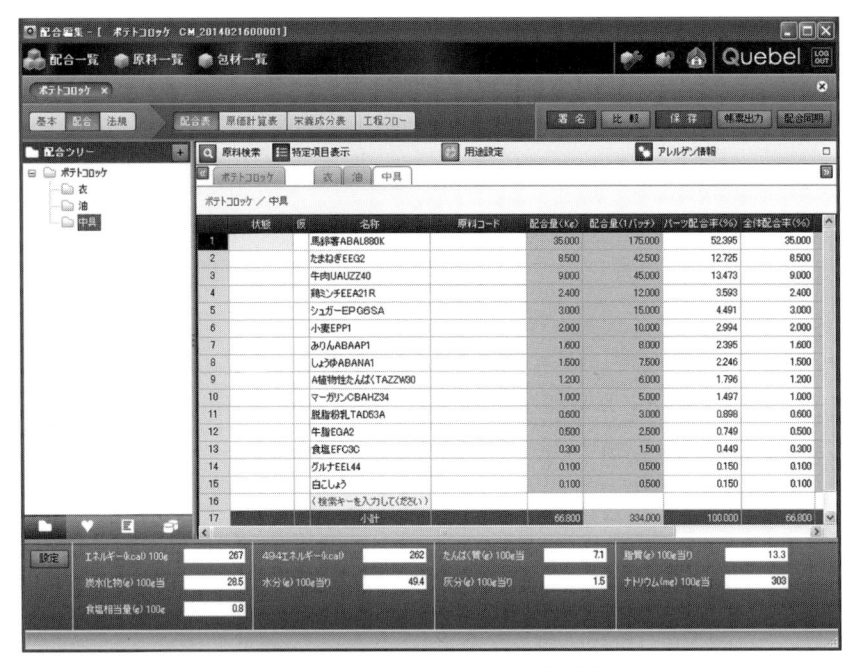

図 8.7　Quebel の配合統合表作成例

ウォーター法などの係数計算ができるので，様々な食品分野の計算が可能になる．

8.4.3　原材料表示の作成に関する機能

Quebel を用いた原材料表示の作成について説明していきたい．

(1)　個別の品質表示基準の選択と適用

IT システムを利用する，しないは別として，新商品の原材料表示を作成する上で，まず考えなくてはならないことがある．当該新商品は，一般用加工食品の中で個別の品質表示基準に該当するのか，一般の加工食品に該当するのか，適用すべき品質表示基準を確認することが必要である．

(2)　原材料表示の作成

原材料表示を作成していくには，法規に従った原材料表示ルールを選択する必要がある．例えば，該当する個別の品質表示基準によっては，「括り名」（詳細は後述）で分けて表示する必要がある．

また，食品表示基準では，アレルギー表示を原則「個別表示」とすることとなった．しかし，個別表示によりがたい場合や個別表示がなじまない場合などは，一括で表示することが可能である．個別表示にすることが困難な場合や，個別表示がなじまない場合などの例示が食品表示基準 Q ＆ A[3] に示されている（3 章 3.1.9 参照）．自社の商品群がどれに該当するのか確認する必要がある．

原材料表示を作成していく上で考慮すべき点がいくつかあるが，ここでは，IT システム

を導入検討している食品会社からよく質問される，次の2つの点について紹介する．

① 個別の品質表示基準による「括り名」の設定

② アレルギー表示を「個別で表示する方法」か「一括で表示する方法」かの選択

各々の項目について，以下に述べる．

1) 個別の品質表示基準による「括り名」の設定例

括り名とは，複数の表示名称を1つにまとめて示すもので，例えば「ばれいしょ，たまねぎ」を一括りにして「野菜（ばれいしょ、たまねぎ）」と表記する場合の「野菜」を示すが，個別の品質表示基準によっては，原材料表示の一部を括り名で原材料表示を作成する必要がある．例えば，即席めんの品質表示基準[4]における「めん」「つゆ」「やくみ」に分けて原材料表示を作成する場合や，調理冷凍食品の品質表示基準[4]における，「衣以外」「衣」「揚げ油」に分けて作成する場合である．図8.8はQuebelでの調理冷凍食品の括り名の表示を設定する例である．括り名（図8.8では「グループ構成」と表記）ごとに，自動的に原材料表示を作成することが可能な機能を有する．このように，個別の品質表示基準に沿った原材料表示の設定をITシステムがサポートすることによって，作成者の表示作成ミスを防ぐことが可能となる．

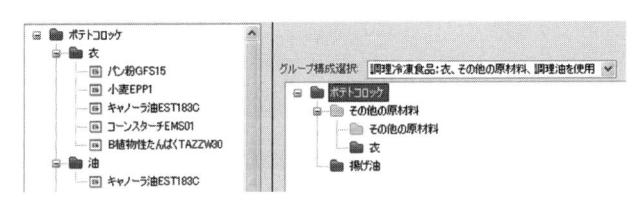

図8.8 Quebelの原材料表示：グループ構成（調理冷凍食品）

2) アレルギー表示設定

食品会社は，アレルギー表示を個別表示とするのか，一括表示とするのか判断することが必要である．この判断基準は，会社ごとに微妙に異なるものであり，また得意先からの指定で決まる場合もあるだろう．図8.9は，表示方法を設定する場合の選択画面の例である．

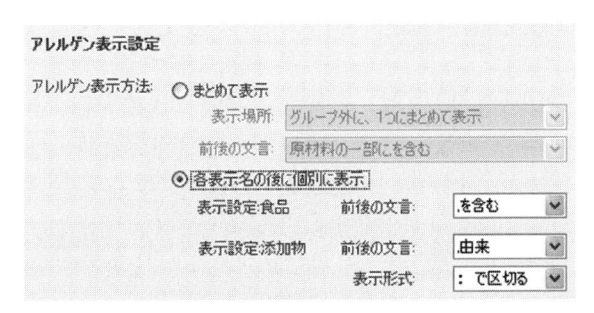

図8.9 Quebelの原材料表示：アレルギー表示設定

ここまで述べてきたような選択を行うことで，ITシステムでの原材料表示の作成が可能となる．例えば，3章3.4.2表3.8の配合表を用いて原材料表示を作成すると，図8.10のようになる．

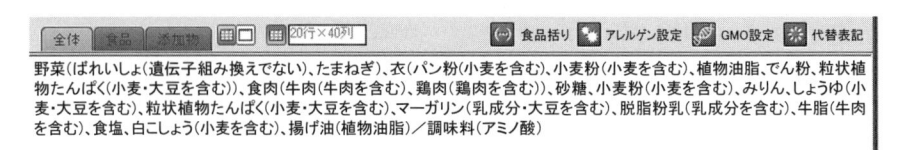

野菜(ばれいしょ(遺伝子組み換えでない)，たまねぎ)，衣(パン粉(小麦を含む)，小麦粉(小麦を含む)，植物油脂，でん粉，粒状植物たんぱく(小麦・大豆を含む))，食肉(牛肉(牛肉を含む))，鶏肉(鶏肉を含む)，砂糖，小麦粉(小麦を含む)，みりん，しょうゆ(小麦・大豆を含む)，粒状植物たんぱく(小麦・大豆を含む)，マーガリン(乳成分・大豆を含む)，脱脂粉乳(乳成分を含む)，牛脂(牛肉を含む)，食塩，白こしょう(小麦を含む)，揚げ油(植物油脂)／調味料(アミノ酸)

図8.10 Quebelによる原材料表示作成結果

(3) 原材料表示の修正

ITシステムで最初に作成される原材料表示は，必ずしも作成者が意図するものにはならない場合がある．そのようなケースでは，自動作成された原材料表示に手を加えることになる．このとき，法規に則さない修正が可能な状況であるとミスの原因となり，ITシステムを導入する効果が失われてしまう．そのため，法規に則した原材料表示の範囲で修正できる方策が必要である．例えば，法規に則った範囲で書き換え変更な部分を選択肢として用意し，選択肢から選ぶ方式はどうだろう．Quebelでは原材料表示修正の選択肢が用意されているが，その選択肢のうち，「添加物の表記」と「アレルギー表示の代替表記等の設定変更」について述べる．

1) 添加物の表記方法の変更

添加物を原材料表示に表記する場合，「用途名併記」「物質名」「一括名」のどれかで表記する．この表記の元情報は，一般的には原料規格書情報に登録されている「物質名」である．例えば，ITシステムによって自動作成された原材料表記が用途名併記であったが，意図するものは物質名表記であったとしたとき，Quebelでは法規に則った選択肢からの変更が可能なので，転記による間違いもなく容易に作成できる．

つまり，「L-アスコルビン酸ナトリウム」であれば，それに相当する表示名のリストが示されるので，その中から自社のルールに沿ったものを選択すればよい．しかし，変更作業が手入力する仕組みであった場合は「酸化防止剤(ビタミンE)」と間違って入力してしまい，表示違反となってしまう．図8.11は3章3.4.2表3.12表示作成検討資料の一部に相当するものであり，作成者の意図(社内ルール)を反映する箇所となる．

図8.11 Quebelでの「添加物表記」設定

2) アレルギー代替表記等の設定変更

アレルギーの代替表記方法リストが消費者庁の「別添アレルゲンを含む食品に関する表示別表3 特定原材料等の代替表記等方法リスト(平成27年3月30日消食表第139号消費

野菜(ばれいしょ(遺伝子組み換えでない)、たまねぎ)、衣(パン粉、小麦粉、植物油脂、でん粉、粒状植物たんぱく(大豆を含む))、食肉(牛肉、鶏肉)、砂糖、小麦粉、みりん、しょうゆ、粒状植物たんぱく、マーガリン、脱脂粉乳、牛脂、食塩、白しょう、揚げ油(なたね油)／調味料(アミノ酸)

図 8.12 Quebel での原材料表示作成結果

者庁次長通知)[5]」に掲載されている．本リストに掲載されている文言を用いて原材料表示を作成すれば，アレルゲン表示しているのと同じ意味合いになり，個別のアレルゲン表示を行わなくてよい．どういう文言を（というより，どの原材料表記文言を）拡大表記（特定原材料名または代替表記の文字を含んでいるため，これらを用いた食品であると理解できる表記）として扱うかは，本来，個人ではなく会社としての判断が必要である．表記の内容については，扱っている商品や原料の特徴により，保健所などに確認することが必要である．また，3章3.1.6でも述べたように，省略規定の判断は十分に検討されなくてはならない．

このような流れで原材料表示作成を行うと，図8.12のような結果となる．図8.10と図8.12を比較すると，アレルギーの代替表記，省略表記について検討した結果が反映されている．また，揚げ油の括弧内が「植物油脂」から「なたね油」に変更されている．このように，ITシステムを利用することによって簡便に，間違いなく食品表示に関わる法規や，食品会社が意図する原材料表示が作成できる．

8.5 原材料表示情報の伝達

ITシステムによって作成した原材料表示情報は，法規に則ったアレルギー情報の，漏れのない正しい情報となっているはずである．最終的なチェックを実施したこの情報を，誤りなく得意先や消費者へ伝える必要がある．この情報は，商品開発部門が原材料表示情報を作成し，上長承認を経て，品質保証部門などの承認を得るワークフローによって確定する．その他の作業についてもITシステムが活用できると考えられるが，その活用例をいくつか示す．

〈活用例 1〉
食品会社内で管理する原材料表示情報が確定すると，次に得意先にカルテ情報を提出する作業がある．営業部門から要請された得意先に提出する情報は，社内で承認された原材料表示情報を元に，Mercrius システムを用いて人の手による転記を経ることなく作成することができる．

〈活用例 2〉

商品開発途中では，包材を作製してもらう包材サプライヤーに，パッケージに記載する原材料表示情報を漏れなく伝える必要がある．Mercriusシステムを用いることで，包材サプライヤーへ送付する書類は，確定した原材料表示情報を転記することなく作成することができる．

〈活用例3〉

得意先や消費者，公的機関から，発売中・発売終了を問わず商品情報（特にアレルギー物質の含有の有無について）問われることがある．このとき，お客様相談センターなど外部への対応専門部署はMercriusシステムを用いて当該商品情報を参照し，原材料表示情報や必要に応じてカルテ情報を閲覧しながら速やかに回答することが可能となる．

このように，ITシステムによって作成された情報をうまく活用することで，正しい情報が得意先や消費者へ伝わることになる．

8.6 ITシステム導入の効果（まとめに代えて）

本ITシステムを導入する効果として，作業時間短縮，作業の見える化，データの正確性向上が挙げられる．例えば，同じデータを何度も入力する必要がなくなる，個人で保有していた情報の共有化が図れる，承認ルートが明確になり承認に時間がかかるのはどこがボトルネックになっているからなのか把握できる，有事の際の検索時間が大幅に短縮される，などである．

本章で取り上げたアレルギー表示間違いも，原因の多くは「正しい情報が収集できないこと」と「転記ミスが発生すること」である．得意先へ情報提出する際の間違い防止や自社内での情報共有，例えば開発部門から品質保証部門への情報確認依頼時の転記作業，営業部門から開発部門への得意先提出情報の作成依頼などにおいても，ITシステムがミス防止の重要な役割を担っている．しかし，このITシステムの効果を享受するためには，原材料情報の収集から配合作成，原材料表示作成までの一連の業務を見直し，一貫した品質管理業務に組み立て直すことが前提になることに留意していただきたい．

本章で紹介したITシステムの導入効果の一例では，社内の情報収集コスト「95％」削減，商品カルテ作成コスト「80％」削減，原材料表示作成コスト「70％」削減という結果であった．業務フローにおいて，人手の作業がITシステム化されたことにより大幅に削減されたことがわかる．また，原料規格書が再提出された際，前回と異なる点をチェックする時間が大幅に短縮されていることも大きな効果である．

一方で，この効果を得るためには，各種マスタデータ（添加物名称や添加物用途名，原産国など）の整備，商品開発から発売，終売までの従来業務フローの見直し，システム切

り替え時での原料規格書情報の集め直しなど，システム導入時に時間がかかることはどうしても避けられないのも事実である．

　ITシステムの導入には，時間と費用，労力を必要とし，効果が得られるまでには時間がかかることも多い．会社からシステム投資の了承を得るのも大変である．それでも，ITシステムを導入することで，表示作成にかかる負担を軽減できれば別の価値を生む機会を作りだすことが可能になる．

　言うまでもなく，「原材料表示の誤表記」を発生させないことは大変重要な課題である．原材料表示やアレルギー表示の間違いを防ぐためには，ITシステムを積極的に活用すべきであると考える．ここで紹介したことが皆様の業務のお役に立つことを切に願う．

※「MerQurius」「Mercrius」「Quebel」「MerQurius Net」「MerQNet」は，JFEシステムズ株式会社の登録商標です．

■ 参 考 文 献

1) 消費者庁；消食表第257号，アレルギー物質を含む食品に関する表示について（平成25年9月20日）
2) 消費者庁食品表示企画課；消食表第140号，食品表示基準Q＆Aについて加工-52，弁当-6（平成27年3月30日）
3) 消費者庁食品表示企画課；消食表第140号，食品表示基準Q＆Aについて，別添アレルゲンを含む食品に関する表示，E-6（平成27年3月30日）
4) 内閣府；府令第十号，「食品表示基準」別表四（第三条関係）（平成27年3月20日）
5) 消費者庁；消食表第139号消費者庁次長通知，別添 アレルゲンを含む食品に関する表示別表3特定原材料等の代替表記等方法リスト（平成27年3月30日）

9章　アレルゲン対策の今後の方向性
（あとがきに代えて）

9.1　お客様などとの情報交換

　食品会社は，お客様や公的機関などからアレルゲン関連の問い合わせ，要望，意見をいただくことがある．その際は，広報部やお客様相談センターなど外部と情報交換する部署がお答えするのが一般的である．それらのお問い合わせなどに対して，的確に回答することも必要であるが，守秘義務の線引きも必要である．アレルギー関連では，少なくとも表示されている原材料の基原原料については回答できることが必須である．その準備として，原料規格書の配合確認書をデータベース化して，製品に含まれる原材料の基原原料について速やかに回答可能な状態とする．また，製造上のアレルゲン混入リスクなどを，社外に速やかに報告できるように情報の整理を行う．これにより，お客様などからのお問い合わせ事項，要望，意見について的確にお答えすることが可能となる．

　また，お客様からいただいた要望や意見などは集約して，商品の改善，次期商品開発，パッケージ表示の見直し，お客様対応の改善などへ活かすことも併せて重要である．例えば，自社の商品を購入される方が，アレルギー関連についてどのようなことを気にされているか確認する．その内容に基づいて，原料配合などの再検討を行う，わかりやすい原材料表示となるよう工夫をする，などの検討を行う．そして，お客様からの問い合わせの多かった基原原料について調査して，その結果を商品開発やパッケージの原材料表示に反映する．例えば，乾燥果実を複数配合した商品から，表示推奨アレルゲンである乾燥バナナや乾燥キウイを外したり，今まで「デンプン」の記載であったものを「コーンスターチ」とする，「植物油脂」の記載であったものを「パーム油」とすることなどである．

9.2　外食産業などのアレルギー表示について

　外食産業などに対して検討が行われているアレルギー表示について少し解説したい．外食・中食産業等食品表示適正化推進協議会は，2014年に食物アレルギーの人とその家族の方々などに対していくつかのアンケートを行った[1]（2章2.2.3参照）．その結果，アレルギーの人とその家族の方々の89%の人が，外食メニューなどにアレルギー表示をしてほし

いと望んでいた．

しかし，現状ではアレルギー表示に関する準備が不十分な外食産業事業者が非常に多い状況のようである[2]．そこで，まずは消費者庁などの公的機関，専門家の支援の下に，先駆的な外食企業がモデルとなりアレルギー表示を実施して，「外食などの原材料表示やアレルギー表示制度」において検討すべき問題点を洗い出すことから始めてみたらどうであろうか．このことを行うことによって，外食企業などがアレルゲンに関する品質保証の仕組みを構築するまでになってほしい．

9.3 アレルギー表示等の問題点と今後の方向性

2015年4月に食品表示基準が施行されてまだ間もないが，アレルギー表示制度については大きな前進が見られる．しかし，食品表示基準のなかで検討すべきことや，食品会社と食物アレルギーの人との認識の違いなどいくつか気になる点が多々ある．今後，議論を重ねていくべきことを以下に挙げてみたい．

9.3.1 原材料表示の複雑さ

食品表示基準の一部の仕組みが，含まれているアレルゲンの量を推定することを難しくしている側面がある（3章3.1.3）．

① 食品表示基準の一般用加工食品の原材料表示は，原材料に占める重量割合の多い順に記載することが定められている．しかし，第三条1項の但し書きにおいて，個別の品質表示基準が定められているので，原材料に含まれている重量割合の順位がわからなくなる場合がある．

② 複合原材料の原材料表示において，すべての原材料表示がなされていないことがある．

③ 同種の原材料を複数種類使用する場合については，括り名の表示を用いることがあるので必ずしも原材料に占める重量割合の多い順に原材料表示する決まりとなっていない．

上記のような原材料表示の場合，微量であれば摂取可能なアレルギーの人は，原材料の重量割合がわかりにくいので加工食品を選択する上で困難が伴う．また，②のような原材料表示の場合，原材料すべてが表示されていないことがあるので，表示義務や表示推奨となっていないアレルゲンによって発症する食物アレルギーの人にとって，加工食品の選択が難しくなる．原材料表示の仕組みが複雑であれば，結局は「アレルギー表示の理解のしやすさ」にも影響すると考える．

9.3.2 アレルギー表示の問題点

食品表示基準に関わる通知[3]では，特定原材料に準ずるものについては，表示が義務付けられておらず，その表示を欠く場合，アレルギー疾患を有する者は当該食品が「特定原材料に準ずるものを使用していない」，または「特定原材料に準ずるものを使用しているが，表示がされていない」のいずれであるかを正確に判断することができず，食品選択の可能性が狭められているとの指摘がなされている．この指摘に対しては，「いわゆる一括表示枠外での表示やウェブサイト等を活用して，特定原材料に準ずるものについても表示対象としているか否か，情報提供を行うことも有用である」とされている．

また，食品表示基準のQ&A，E-3では，「この食品は27品目のアレルゲンを対象範囲としています」「アレルゲンは表示義務7品目を対象範囲としています」「アレルゲン（27品目対象）」など，管理対象範囲が明確となるように一括表示枠に近接した箇所に表示することを推奨している．また，ホームページ等を活用して，消費者等に情報提供することも有用であるとされている．

これらを鑑みると，一括表示の枠外などに，次のようにアレルゲン表示対象範囲を明確に表示することを法規として定めたらどうであろうか．

① この食品のアレルギー表示は，表示義務7品目を対象範囲としています
② この食品のアレルギー表示は，表示義務および表示推奨の27品目を対象範囲としています

9.3.3 注意喚起表示の問題点

アレルゲンの注意喚起表示の問題に目を向けてみると，会社によって注意喚起表示を行う判断根拠にばらつきがある．その例をいくつか示す．

① 完璧に近いアレルゲン管理をしているが，コンタミネーションのリスクがゼロではないので表示をする
② 一部分の製品はコンタミネーションの可能性があるので，表示をしている
③ アレルゲン対策を行うことが困難なので表示をしている（例えば，チョコレートの製造ラインは洗浄清掃ができないため）

これらの判断根拠の違いが，食品会社のアレルゲン対策の取り組みの差にそのままつながっていると考える．

ある中堅食品会社の品質保証担当者から，「アレルゲン対策は，とにかく注意喚起表示さえすれば問題ないので簡単です」という話を聞き，がっかりしたことがある．注意喚起表示についての判断根拠を明確にする方向で検討を重ねてほしい．

9.3.4 食品会社と食物アレルギーの人との認識の違い

　食物アレルギー表示について一番気になっていることは，食品会社と食物アレルギーの人との表示に関する認識の違いである．食品会社にとって，食物アレルギー表示は食物アレルギーの方に，「アレルゲンが入っているので危害を及ぼすことがあります」といった危害防止のために表示をしている．よって，食品会社は，「当該アレルゲンを使用していません」と「含んでいません」とは意味が違うと考えているし，消費者庁もその考え通りにQ&A, E-22 で回答している．しかしながら，食物アレルギーの人は，「当該アレルゲンを使用していません」＝「当該アレルゲンを含んでいません」＝「食べても大丈夫」と考えている方が多い．

　食品会社が商品パッケージに「△△アレルゲン不使用」（△△は表示義務アレルゲンのいずれか）の記載をする場合には，5 章で解説したようにアレルゲン管理の仕組みを構築するとともに，原料採用時および原料ロットごとに，アレルゲン混入リスクのある原料のアレルゲン検査を実施して，アレルゲン混入事故が発生しないよう細心の注意が必要と考える．併せて，製品のアレルゲンの検査を行い，含まれていないという確認をとることも必要である．

9.4　食物アレルギー関係者との情報交換の大切さ

　著者の知り合いの A 先生は，「食物アレルギーの人はごく少数なので，彼らのために表示を難しくする必要はない．また，アレルギー表示のミスのために食品会社が自主回収してその食品が廃棄されるのは，地球環境上問題である．食物アレルギーの人は，アレルギー対応食品だけを食べていればよいではないか」と話されていた．ある意味で正論かもしれない．しかし，著者から見れば，食物アレルギーの人が栄養不足にならず，安心して食べられる本当の意味での「アレルギー対応食品」（基原原料から消費に至るまでの品質保証体制（フードチェーン）の構築をするとともに，その検証のため製品のアレルゲン検査を実施してアレルゲンが含まれていない確認を行っている食品）が世の中にどれだけあるのか，気になるところである．

　また，B 先生（アレルギーの研究者ではない）からは，「今，現実にアレルギー事故が発生しているのは，非常に高いレベルのアレルゲン混入である．低いレベルのアレルゲンが混入したことによるアレルギー発症の事実はない」とのご発言があった．たぶん文献がないということで，ご自身が何か研究をされての発言ではないようであった．

　一方，アレルギー専門医の先生からは，「臨床的には数 µg/g という決まりの中で，誤食事故が頻発しているわけではないので，法規の数 µg/g レベルのアレルゲン濃度を閾値とする判断は，妥当と考えている」とのお話があった．

また，食品表示基準が決定するまでの間，食品業界ではアレルギー表示を「個別表示にすべき」「一括表示にすべき」等，いくつかの議論がさかんになされた．

このように，いろいろな話が出ていることを考え合わせると，アレルギー表示制度ができて歴史はまだ浅いので，まだまだ研究の余地や考えなくてはならないことがたくさんあると思われる．食物アレルギーの人，アレルギー関連団体，医師，行政，食品会社などの方々が相互に意見交換することが大切である．

以下に意見交換の議題を挙げてみたい．

① 食物アレルギーの人が理解しやすいアレルギー表示の検討

　2015年4月施行の食品表示基準により，アレルギー表示について今までよりわかりやすい表示ルールとなったが，さらにわかりやすい表示の検討を行う．

② 原材料表示ルールの検討

　個別の品質表示基準の存在など，複雑な原材料表示ルールが気になる．もっとシンプルな原材料表示にならないのであろうか．複雑な原材料表示のルールだと，アレルギー表示漏れ発生につながりかねない．

③ 商品に含まれるアレルゲン含有量の表示の検討

　例えば，「この商品に含まれている乳タンパク質は，10 µg/g 未満です」「この商品は乳タンパク質が 15〜20 µg/g 含まれています」などの表示をすることにより，軽微な食物アレルギーの方の購入判断材料となる．

④ 任意表示のルールの検討と表示のガイドラインの提示

⑤ アレルゲン濃度をさらに安価で迅速に測定できる分析法の開発

以上のように，まだまだやるべきことは多いと考える．その検討の視点は，あくまで「食物アレルギーの人達にとってどのような方向性がよいのか」ということである．

また，食品会社は，アレルゲン対策の努力内容を公開することを推奨したい．少しずつの努力が何年か後には，企業にとって大きな力になる．しかし，それには時間がかかるので，そのために努力をしている従業員達はなかなか報われない．その努力を広く知らしめることによって，努力はいくらかでも報われ，従業員達は喜びを見出してさらに努力するかもしれない．これらのことを食品会社が積み重ねることによって，最終的には食物アレルギーの人が「真のアレルゲン対応をされた食品」をもっと自由に安心して選択しやすくなるのではないだろうか．

行政への要望を申し述べたい．行政が行っている「アレルギー表示ミスをした会社を取り締まる」といった仕事は，確かに重要な仕事である．しかし，食品会社のそのほとんどが中小企業であることを鑑みると，「正確な原材料表示やアレルギー表示」を行っていくことは大変であることを考えていただきたい．中小企業でも導入可能な原材料表示支援ITシステムの開発，および導入を支援する取り組みをお願いしたい．

医療機関への要望は，アレルギー専門医数を増やしてほしいことである．2015年5月現在，一般社団法人日本アレルギー学会認定「アレルギー専門医・指導医」は，全国で3,200人程度である[4]．子供の食物アレルギーの方の大部分が小児科で診察を受けている現状を考えると，少しでも専門医を増やしていただき，アレルギーの人が専門性のある治療を受けられるよう望みたい．

＜謝　辞＞

　引用，転載の許諾をしていただいたNPO法人アトピッ子地球の子ネットワーク　赤城智美事務局長様，山口県環境保健センター保健科学部様，日本ハム株式会社中央研究所様，NPO法人フードアレルギーパートナーシップ様に感謝申し上げます．また，執筆内容についてご指導いただいた中山技術士事務所　中山正夫先生に感謝申し上げます．

　最後になりましたが，この本の企画をしていただいた株式会社幸書房の夏野雅博社長に感謝申し上げます．また，校正についてご指導いただいた同社　伊藤郁子様に感謝申し上げます．

■ 参 考 文 献

1) 外食・中食産業等食品表示適正化推進協議会；平成25年度加工食品製造・流通指針策定事業報告書（平成26年3月）
2) 消費者庁；外食等におけるアレルゲン情報の提供の在り方検討会中間報告（平成26年12月3日）
3) 消費者庁；消食表第139号消費者庁次長通知，食品表示基準について，別添アレルゲンを含む食品に関する表示の基準，第1（平成27年3月30日）
4) （一社）日本アレルギー学会HP（2015年5月最終確認）

食品会社のアレルゲン対策

2015 年 9 月 20 日　初版第 1 刷発行

監修・執筆　羽 藤 公 一
共　著　　平 出　　基
　　　　　峯 島 浩 之
発行者　夏 野 雅 博
発行所　株式会社　幸書房
〒 101-0051　東京都千代田区神田神保町 2-7
TEL03-3512-0165　FAX03-3512-0166
URL　http : // www. saiwaishobo. co. jp

装　幀：㈱クリエイティブ・コンセプト
組　版：デジプロ
印　刷：シナノ

Printed in Japan.　Copyright 2015.
・無断転載を禁じます．
・ JCOPY 〈(社) 出版者著作権管理機構　委託出版物〉
本書の無断複写は著作権法上での例外を除き禁じられています．複写される場合は，そのつど事前に，(社) 出版者著作権管理機構（電話 03-3513-6969，FAX 03-3513-6979，e-mail：info@jcopy.or.jp）の許諾を得てください．

ISBN978-4-7821-0401-9　C3058

好評!! 発売中

実践!! 食品工場の品質管理

編集：矢野俊博　元　石川県立大学　食品科学科　教授
　　　　　　　　現　金沢学院短期大学　食物栄養学科　教授
定価：本体価格 2700 円＋税　B5 判　191 頁

食品の品質管理は、安全安心への関心の高まりから食品企業の経営の核心におかれる問題として浮上してきている。品質管理には新製品の設計・生産・出荷、さらには出荷後の流通の管理まで幅広い知識と経験が必要である。
本書は、多数の食品工場のコンサルタントを担当している品質管理のプロ、保健所の担当者、トレーサビリティの専門家を執筆者に迎えて取りまとめられた本格的な実践の書である。

＜主な目次＞
第1章　食品の品質管理の仕事とは／第2章　食品製造の流れと品質管理／第3章　食品の品質にかかわる工場点検とその方法／第4章　品質管理マネジメント方法／第5章　職場の5Sとスキルアップのための社員教育／第6章　品質管理に必要な各種検査法／第7章　現代の食品流通とトレーサビリティ／第8章食品表示の基礎知識／第9章　食品のクレームとリスクマネジメント

実践!! 食品工場のハザード管理

編集：矢野俊博　元　石川県立大学　食品科学科　教授
　　　　　　　　現　金沢学院短期大学　食物栄養学科　教授
定価：本体価格 2700 円＋税　B5 判　188 頁

本書は、HACCPで求められるところの物理的、化学的、生物学的ハザードを中心にアレルゲン管理も含めて、食品工場でどのようにそれらをコントロールしていくのかをそれぞれの専門家のかたに執筆していただいた。そしてそうしたシステムを運用する従業員の意識向上をどのように図るのかの実践例を紹介した。

＜主な目次＞
第1章　食品工場での異物混入対策／第2章　食品工場の食物アレルゲンコントロールプログラム／微生物管理の要点／第3章　食品工場における微生物管理の要点／第4章　食品工場での日常の害虫対策／第5章　食品製造と化学薬剤／第6章　食品工場の賞味期限管理とRFIDを使ったトレーサビリティシステム／第7章　職場意識の向上と改善／第8章　工場の衛生点検とその有効性／第9章　建築設備から見たハザードに強い食品工場／第10章　製品品質管理の計画とその進め方／第11章クレームとその対応

食品の安全と安心　講座Ⅰ
考える材料と見る視点

編集：松田友義　千葉大学大学院園芸学研究科　教授
定価：本体価格 2000 円＋税　A5 判　167 頁

本書は千葉大学園芸学部　公開講座「食品の安全と安心」のテキストを目的に編集されています。分冊になっており、講座Ⅰは「考える材料とみる視点」と題して食品の安全と安心にかかわる諸問題を、それぞれの専門家（執筆者13名）はどう見ているのかを解説し、情報過多に時代に確かな見識を生活者、消費者の方に持ってもらうことを目的に編集しています。

<主な目次>
第1章　土壌中の重金属と農産物／第2章　植物の病気と食品の安全／第3章　農薬の有効性（栽培）と安全性（残留）／第4章　遺伝子組換え農作物／第5章　食品添加物の利用と安全性／第6章　放射性物質による食品汚染を考える／第7章　科学者から見た食品のリスクと安全性／第8章　調理-食品をおいしく安全に食べる技／第9章　食品表示制度の作られ方-食品表示法を中心に／第10章　食品表示法について／第11章　メディアは消費者へ何を伝えているのか／第12章　リスクコミュニケーションの有効性
特別寄稿：食物アレルギー

食品の安全と安心　講座Ⅱ
安全を守る対策と仕組み

編集：松田友義　千葉大学大学院園芸学研究科　教授
定価：本体価格 2000 円＋税　A5 判　167 頁

「食品の安全と安心　講座Ⅰ　考える材料とみる視点」の姉妹編です。講座Ⅰが比較的生活者・消費者向けに編集されていますが、講座Ⅱのほうは、実際に食品の安全性や品質がどのような対策や仕組みで担保されているのかということを概説しています。

<主な目次>
序論　食品安全文化／第1章　食品の劣化とその防止／第2章　食中毒の原因菌と予防法／第3章　食品の品質管理者-5つの基本業務／第4章　食品工場の安全管理システム／第5章　ISO22000 と HACCP の用語と仕組み／第6章　食品防御（フードディフェンス）とは／第7章　食品安全と危機管理・コンプライアンス／第8章　適正農業規範 GAP と農産物生産の安全性／第9章　農産物などの検査認証制度と検査員の役割／第10章　食品安全とサプライチェーンマネジメント（SCM）／第11章　自然災害・食品事故と事業継続計画（BCP）